计算机系列教材

大学信息技术基础学习与实验指导教程
（第3版）

主　编　安世虎
副主编　孙　青　朱　波　谢　蕙

清华大学出版社
北京

内 容 简 介

本书是《大学信息技术基础》(第3版)(以下简称主教材)的配套教材,按主教材包括的计算机基础知识、操作系统技术、网络技术、文字处理软件Word 2016、电子表格软件Excel 2016、演示文稿软件PowerPoint 2016、多媒体技术、软件开发技术、信息安全技术、计算机发展新技术等知识结构组织和设计上机实验内容、学习指导、习题及其参考答案。全书分为上、中、下三篇:上篇是上机实验指导,根据实际需要给出了多个实验项目,每个实验给出了实验目的、实验内容及实验步骤;中篇是学习指导与习题,概括了理论教材的主要知识点,并提供单项选择题、多项选择题、判断题、填空题、简答题、操作题等多种类型的习题;下篇是习题参考答案,给出了大部分习题的参考答案,为读者自我测试提供参考和借鉴。

本书能够充分满足学生在信息技术基础知识和基本技能方面学与练的需要,可作为《大学信息技术基础》(第3版)同步使用的实验教材,也可作为高等院校非计算机专业"信息技术基础"和"计算机应用基础"课程教材的配套教材读者的自学参考教材。

版权所有,侵权必究。举报:010-62782989,beiqinquan@tup.tsinghua.edu.cn。

图书在版编目(CIP)数据

大学信息技术基础学习与实验指导教程 / 安世虎主编. -- 3版. -- 北京:清华大学出版社,2024.8.
(计算机系列教材). -- ISBN 978-7-302-66952-4

Ⅰ.TP3

中国国家版本馆CIP数据核字第2024EH6964号

责任编辑:白立军　薛　阳
封面设计:刘艳芝
责任校对:韩天竹
责任印制:宋　林

出版发行:清华大学出版社
网　　址:https://www.tup.com.cn,https://www.wqxuetang.com
地　　址:北京清华大学学研大厦A座　　邮　编:100084
社 总 机:010-83470000　　邮　购:010-62786544
投稿与读者服务:010-62776969,c-service@tup.tsinghua.edu.cn
质量反馈:010-62772015,zhiliang@tup.tsinghua.edu.cn
课件下载:https://www.tup.com.cn,010-83470236
印 装 者:三河市龙大印装有限公司
经　　销:全国新华书店
开　　本:185mm×260mm　　印　张:10.75　　字　数:258千字
版　　次:2014年8月第1版　　2024年8月第3版　　印　次:2024年8月第1次印刷
定　　价:49.00元

产品编号:105483-01

前　言

　　针对"大学信息技术基础"课程的教学要求和高校计算机基础教育实践性强的特点，为了提升学生上机的实践效果和课后复习与练习质量，我们再次对《大学信息技术基础——学习与实验指导》进行修订，编写了第3版作为《大学信息技术基础》(第3版)的配套教材。本书由上、中、下三篇组成。

　　(1) 上篇是上机实验指导。本篇基于《大学信息技术基础》(第3版)各章节相关内容，有针对性地设计了多个项目实验，每个项目实验都给出了明确的实验目的、具体的实验内容、详细的实验步骤以及必要的提示信息，读者可以边操作边学习。

　　(2) 中篇是学习指导与习题。本篇系统地介绍了各章的学习目标、基本要求和主要知识点，提供了与各章节内容密切相关的、形式多样的习题和练习，有利于课外自主学习和自我测试，达到巩固所学知识的目的。

　　(3) 下篇是习题参考答案。本篇内容是中篇习题部分的参考答案，目的是辅助读者学习，开阔解题思路。需要强调的是，做习题时，应将重点放在正确理解、掌握与题目相关的知识点上，而不是死记硬背答案。特别是操作题、综合设计题等，其解题思路是多样的，答案(或得到相同答案的方法)不是唯一的，因此需要读者勤于思考，融会贯通，不断提高自己分析问题、解决问题的能力。

　　在本书的编写过程中始终把"加强基础、提高能力、重在应用"作为编写原则，力求概念准确、原理易懂、层次清晰、突出应用、详略得当、图文并茂。参与本书编写的人员均来自教学一线，具有丰富的教学经验。各章编写分工如下：第1章、第6章、第16章由安世虎编写，第7章、第13章、第17章、第23章由周恩锋编写，第2章、第9章、第19章由谢蕙编写，第3章、第10章、第20章由谭峤编写，第4章、第11章、第15章、第21章、第25章由朱波编写，第5章、第12章、第22章由隋丽红编写，第8章、第14章、第18章、第19章、第24章由孙青编写，全书由安世虎统稿。

　　由于信息技术的发展日新月异以及编者学识水平有限，书中难免有疏漏和错误之处，敬请广大读者不吝赐教，批评指正。

编　者

2024年5月

目　　录

上篇　上机实验指导

第 1 章　计算机基础知识实验 ··· 3
　【实验】　键盘与指法练习 ·· 3
　　实验目的 ··· 3
　　实验内容 ··· 3

第 2 章　文字处理软件 Word 2016 实验 ··· 8
　2.1　【实验 1】　Word 2016 的基本操作 ·· 8
　　2.1.1　实验目的 ·· 8
　　2.1.2　实验内容 ·· 8
　2.2　【实验 2】　Word 2016 文本的编辑 ··· 10
　　2.2.1　实验目的 ··· 10
　　2.2.2　实验内容 ··· 10
　2.3　【实验 3】　Word 2016 文档的格式设置 ·· 11
　　2.3.1　实验目的 ··· 11
　　2.3.2　实验内容 ··· 11
　2.4　【实验 4】　长文档的编辑 ··· 12
　　2.4.1　实验目的 ··· 12
　　2.4.2　实验内容 ··· 12
　2.5　【实验 5】　Word 2016 表格的操作 ··· 14
　　2.5.1　实验目的 ··· 14
　　2.5.2　实验内容 ··· 14
　2.6　【实验 6】　Word 2016 中其他对象的操作 ·· 16
　　2.6.1　实验目的 ··· 16
　　2.6.2　实验内容 ··· 16
　2.7　【实验 7】　Word 2016 中修订文档与邮件合并 ··· 17
　　2.7.1　实验目的 ··· 17
　　2.7.2　实验内容 ··· 17
　2.8　【实验 8】　MS Office 2016 全国计算机二级考试 Word 2016 真题 ················· 19
　　2.8.1　实验目的 ··· 19
　　2.8.2　实验内容 ··· 19

第3章 电子表格软件 Excel 2016 实验 ································· 20

- 3.1 【实验1】 Excel 2016 的基本操作 ································· 20
  - 3.1.1 实验目的 ································· 20
  - 3.1.2 实验内容 ································· 20
- 3.2 【实验2】 数据的输入和编辑 ································· 21
  - 3.2.1 实验目的 ································· 21
  - 3.2.2 实验内容 ································· 21
- 3.3 【实验3】 工作表的格式化 ································· 23
  - 3.3.1 实验目的 ································· 23
  - 3.3.2 实验内容 ································· 23
- 3.4 【实验4】 公式和函数的使用 ································· 24
  - 3.4.1 实验目的 ································· 24
  - 3.4.2 实验内容 ································· 24
- 3.5 【实验5】 图表的操作 ································· 25
  - 3.5.1 实验目的 ································· 25
  - 3.5.2 实验内容 ································· 25
- 3.6 【实验6】 Excel 数据管理 ································· 27
  - 3.6.1 实验目的 ································· 27
  - 3.6.2 实验内容 ································· 27
- 3.7 【实验7】 页面设置 ································· 30
  - 3.7.1 实验目的 ································· 30
  - 3.7.2 实验内容 ································· 30
- 3.8 【实验8】 MS Office 2016 全国计算机二级考试 Excel 真题 ································· 31
  - 3.8.1 实验目的 ································· 31
  - 3.8.2 实验内容 ································· 31

第4章 演示文稿软件 PowerPoint 2016 实验 ································· 39

- 4.1 【实验1】 创建演示文稿 ································· 39
  - 4.1.1 实验目的 ································· 39
  - 4.1.2 实验内容 ································· 39
- 4.2 【实验2】 设置 PowerPoint 幻灯片的动态效果和放映方式 ································· 41
  - 4.2.1 实验目的 ································· 41
  - 4.2.2 实验内容 ································· 41
- 4.3 【实验3】 MS Office 2016 全国计算机二级考试 PowerPoint 2016 真题 ··· 45
  - 4.3.1 实验目的 ································· 45
  - 4.3.2 实验内容 ································· 45

第 5 章　多媒体技术实验 ·· 47
　【实验】　图片管理软件 ACDSee ··· 47
　　实验目的 ·· 47
　　实验内容 ·· 47

中篇　学习指导与习题

第 6 章　计算机基础知识学习指导与习题 ································· 51
　6.1　学习提要 ··· 51
　　6.1.1　学习目标与要求 ·· 51
　　6.1.2　主要知识点 ·· 51
　6.2　习题 ··· 52
　　6.2.1　简答题 ·· 52
　　6.2.2　选择题 ·· 52
　　6.2.3　判断题 ·· 55
　　6.2.4　填空题 ·· 56
　　6.2.5　计算题 ·· 58

第 7 章　操作系统技术学习指导与习题 ····································· 59
　7.1　学习提要 ··· 59
　　7.1.1　学习目标与要求 ·· 59
　　7.1.2　主要知识点 ·· 59
　7.2　习题 ··· 60
　　7.2.1　单项选择题 ·· 60
　　7.2.2　填空题 ·· 64
　　7.2.3　简答题 ·· 65
　　7.2.4　操作题 ·· 65

第 8 章　网络技术学习指导与习题 ··· 67
　8.1　学习提要 ··· 67
　　8.1.1　学习目标与要求 ·· 67
　　8.1.2　主要知识点 ·· 67
　8.2　习题 ··· 68
　　8.2.1　单项选择题 ·· 68
　　8.2.2　填空题 ·· 69
　　8.2.3　简答题 ·· 70

第 9 章　文字处理软件 Word 2016 学习指导与习题 ················· 71
　9.1　学习提要 ··· 71

  9.1.1 学习目标与要求 ………………………………………………………… 71
  9.1.2 主要知识点 …………………………………………………………… 71
 9.2 习题 ……………………………………………………………………………… 73
  9.2.1 选择题 ………………………………………………………………… 73
  9.2.2 填空题 ………………………………………………………………… 80
  9.2.3 判断题 ………………………………………………………………… 81
  9.2.4 操作题 ………………………………………………………………… 82

第 10 章 电子表格软件 Excel 2016 学习指导与习题 ……………………………… 84
 10.1 学习提要 ……………………………………………………………………… 84
  10.1.1 学习目标与要求 ……………………………………………………… 84
  10.1.2 主要知识点 …………………………………………………………… 84
 10.2 习题 …………………………………………………………………………… 85
  10.2.1 单项选择题 …………………………………………………………… 85
  10.2.2 判断题 ………………………………………………………………… 91
  10.2.3 填空题 ………………………………………………………………… 92
  10.2.4 操作题 ………………………………………………………………… 93

第 11 章 演示文稿软件 PowerPoint 2016 学习指导与习题 …………………………… 96
 11.1 学习提要 ……………………………………………………………………… 96
  11.1.1 学习目标与要求 ……………………………………………………… 96
  11.1.2 主要知识点 …………………………………………………………… 96
 11.2 习题 …………………………………………………………………………… 97
  11.2.1 单项选择题 …………………………………………………………… 97
  11.2.2 判断题 ………………………………………………………………… 107
  11.2.3 填空题 ………………………………………………………………… 108
  11.2.4 简答题 ………………………………………………………………… 109
  11.2.5 操作题 ………………………………………………………………… 109

第 12 章 多媒体技术学习指导与习题 ………………………………………………… 110
 12.1 学习提要 ……………………………………………………………………… 110
  12.1.1 学习目标与要求 ……………………………………………………… 110
  12.1.2 主要知识点 …………………………………………………………… 110
 12.2 习题 …………………………………………………………………………… 111
  12.2.1 单项选择题 …………………………………………………………… 111
  12.2.2 填空题 ………………………………………………………………… 114

　　　　12.2.3　简答题 ……………………………………………………………… 114

第 13 章　软件开发技术学习指导与习题 …………………………………………… 115
13.1　学习提要 …………………………………………………………………… 115
　　13.1.1　学习目标与要求 ……………………………………………………… 115
　　13.1.2　主要知识点 …………………………………………………………… 115
13.2　习题 ………………………………………………………………………… 116
　　13.2.1　单项选择题 …………………………………………………………… 116
　　13.2.2　填空题 ………………………………………………………………… 118
　　13.2.3　简答题 ………………………………………………………………… 119

第 14 章　信息安全技术学习指导与习题 …………………………………………… 121
14.1　学习提要 …………………………………………………………………… 121
　　14.1.1　学习目标与要求 ……………………………………………………… 121
　　14.1.2　主要知识点 …………………………………………………………… 121
14.2　习题 ………………………………………………………………………… 121
　　14.2.1　单项选择题 …………………………………………………………… 121
　　14.2.2　判断题 ………………………………………………………………… 122
　　14.2.3　填空题 ………………………………………………………………… 123

第 15 章　计算机发展新技术学习指导与习题 ……………………………………… 124
15.1　学习提要 …………………………………………………………………… 124
　　15.1.1　学习目标与要求 ……………………………………………………… 124
　　15.1.2　主要知识点 …………………………………………………………… 124
15.2　习题 ………………………………………………………………………… 125
　　15.2.1　填空题 ………………………………………………………………… 125
　　15.2.2　简答题 ………………………………………………………………… 125

下篇　习题参考答案

第 16 章　计算机基础知识习题参考答案 …………………………………………… 129
16.1　简答题 ……………………………………………………………………… 129
16.2　选择题 ……………………………………………………………………… 129
16.3　判断题 ……………………………………………………………………… 129
16.4　填空题 ……………………………………………………………………… 129
16.5　计算题 ……………………………………………………………………… 130

第 17 章	操作系统技术习题参考答案	131
17.1	单项选择题	131
17.2	填空题	131
17.3	简答题	132
17.4	操作题	133

第 18 章	网络技术习题参考答案	134
18.1	单项选择题	134
18.2	填空题	134
18.3	简答题	134

第 19 章	文字处理软件 Word 2016 习题参考答案	135
19.1	选择题	135
19.2	填空题	135
19.3	判断题	136
19.4	操作题	136

第 20 章	电子表格软件 Excel 2016 习题参考答案	139
20.1	单项选择题	139
20.2	判断题	139
20.3	填空题	139
20.4	操作题	140

第 21 章	演示文稿软件 PowerPoint 2016 习题参考答案	144
21.1	选择题	144
21.2	判断题	144
21.3	填空题	144
21.4	简答题	145
21.5	操作题	146

第 22 章	多媒体技术习题参考答案	147
22.1	单项选择题	147
22.2	填空题	147
22.3	简答题	147

第 23 章	软件开发技术习题参考答案	148
23.1	单项选择题	148

23.2　填空题 …………………………………………………………………… 148
　　23.3　简答题 …………………………………………………………………… 149

第 24 章　信息安全技术习题参考答案 …………………………………………… 150
　　24.1　单项选择题 ……………………………………………………………… 150
　　24.2　判断题 …………………………………………………………………… 150
　　24.3　填空题 …………………………………………………………………… 150

第 25 章　计算机发展新技术习题参考答案 ……………………………………… 151
　　25.1　填空题 …………………………………………………………………… 151
　　25.2　简答题 …………………………………………………………………… 151

附录 A　全国计算机等级考试二级 MS Office 高级应用考试真题 ……………… 153

参考文献 ………………………………………………………………………………… 158

上篇 上机实验指导

第 1 章　计算机基础知识实验

【实验】 键盘与指法练习

实验目的

（1）熟悉键盘的键位排列，各控制键、功能键的基本功能。
（2）掌握正确的打字指法。
（3）掌握英文、数字和中文的快速输入方法。

实验内容

【练习 1-1】 熟悉键盘，掌握正确的打字姿势。
要求 1：熟悉主键盘的键位排列以及各功能键、控制键、光标编辑键、状态转换键的位置及基本功能。

通过键盘可以将字母、数字和汉字等数据输入计算机中，从而实现人机交流。因此，学会操作键盘是学习数据输入的前提条件。根据各按键的功能，键盘可以分成 5 个键位区，如图 1-1 所示。

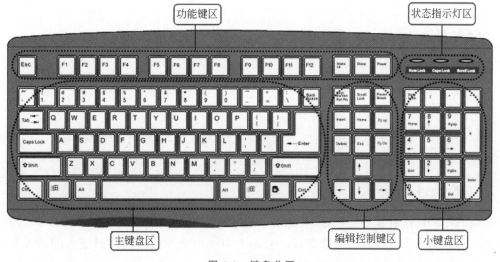

图 1-1　键盘分区

1. 功能键区

功能键区位于键盘的最上方。其中,Esc 键常用于取消已执行的命令或取消输入的字符,在部分应用程序中具有退出的功能;F1~F12 键的作用在不同的软件中有所不同,F1 键常用于获取软件的使用帮助信息。

2. 主键盘区

主键盘区包括字母键、数字键、控制键和 Windows 功能键等,是打字的主要区域。

Caps Lock:大写锁定键。

Shift:实现双字符键的输入;实现大小写的切换;与鼠标合作完成文档内容或文件的选择。

Ctrl:与其他键联用,完成各种控制功能。

Alt:与其他键联用,完成选择功能和其他控制功能。

3. 编辑控制键区

编辑控制键区一般位于键盘的右侧,主要用于在输入文字时控制插入光标的位置。

→:光标右移键。

←:光标左移键。

↑:光标上移键。

↓:光标下移键。

Insert:插入键。

Delete:删除键。

Home:首键。

End:尾键。

PgUp:上翻页键。

PgDn:下翻页键。

4. 小键盘区

小键盘区又称为数字键区,主要功能是快速输入数字,一般由右手控制输入,主要包括 NumLock 键、数字键、Enter 键和符号键。

5. 状态指示灯区

状态指示灯区有 3 个指示灯,主要用于提示键盘的工作状态。其中,NumLock 灯亮时表示可以使用小键盘区输入数字;Caps Lock 灯亮时表示按字母键时输入的是大写字母;ScrollLock 灯亮时表示屏幕被锁定。

要求 2:掌握正确的打字姿势。

正确的打字姿势(见图 1-2)有助于准确、快速地将信息输入到计算机而又不容易疲劳。使用者应严格按下面要求进行训练。

(1) 坐姿要端正,上身保持笔直,全身自然放松。
(2) 座位高度适中,手指自然弯曲成弧形,两肘轻贴于身体两侧,与两前臂成直线。
(3) 手腕悬起,手指指肚要轻轻放在字键的正中面上,两手拇指悬空放在空格键上。此时的手腕和手掌都不能触及键盘或机桌的任何部位。
(4) 眼睛看着显示器,不要看键盘,身体其他部位不要接触工作台和键盘。
(5) 击键要迅速,节奏要均匀,利用手指的弹性轻轻地击打字键。
(6) 击打完毕,手指应迅速缩回原键盘规定的键位上。

图 1-2　正确的打字姿势

【练习 1-2】　英文打字指法练习。

(1) 键盘指法分区。

键盘指法分区如图 1-3 所示,它们被分配在两手的 10 个手指上。初学者应严格按照指法分区的规定敲击键盘,每个手指均有各自负责的上下键位,这里不适合"互相帮助"的原则。

图 1-3　键盘指法分区

(2) 键盘指法分工。

键盘第三排上的 A、S、D、F、J、K、L 和";"为基准键位置,如图 1-4 所示。其中,在 F、J 两个键位上均有一个突起的短横条,用左右手的两个食指可触摸这两个键以确定其他手指的键位。

(3) A、S、D、F、G、H、J、K、L 和";"键练习。

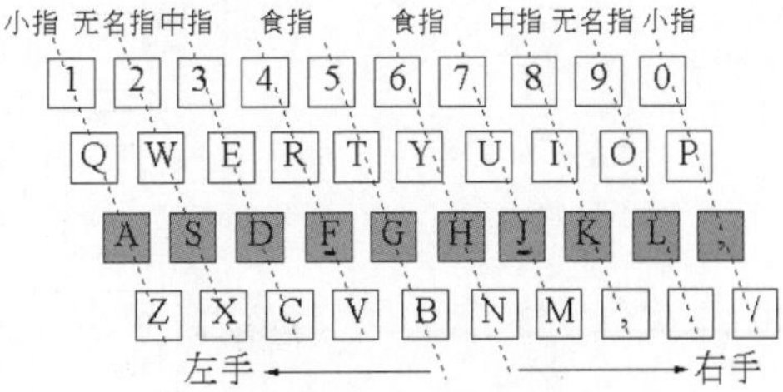

图 1-4　基准键位置

asss	dfff	ffggg	hhhjj	jjkkk	kkllll	gghh	hhhjj
ggfff	sss	kkkaa	llddd	jjjfff	ddhhh	aaakk	kkkaa
glads	jakh	saggh	hsklg	ghjgf	gfdsa	ghjgf	gfdsa
hgkh	lkjh	asdfg	lkjh	gfdsa	hjkl;	hjkl;	lkjh
gfdsa	hjkl;	gfdsa	hjkl;	gfdsa	hjkl;	fgf	hjkl;
fjhjfg	jhgf	fghj	fgfg	hjhj	hadfs	fghfj	fghj

（4）Q、W、E、R、T、Y、U、I、O、P 键练习。

owpqe	wwqqo	ppoow	ooqqp	wwqqo	powqp	oowqp	opwqw
qpqpw	wwwqo	pppww	ppqqp	qqwwq	ppqqp	wqwqp	qqppp
otyqe	wuoqq	ppterw	oyerq	eywqq	potuq	eoiqp	eiwtw
ppooo	ooooiii	iiiuuu	uuyy	yytttt	rrreee	wwqq	ppyy
uurree	ooww	rriioo	wwo	qqppp	rruuoo	ppyyrr	qquu
wewr	pipt	euey	iwiu	wiei	weio	iep	wiei
qwert	poiuy	qwert	poiuy	qwert	poiuy	ert	pouuy
peiq	iere	eirw	ueir	rieu	feueu	qiwiq	ppwiq
retietie	eite	wryr	yqyu	tytyy	qququ	erey	yqpup

（5）Z、X、C、V、B、N、M 和","键练习。

zzxxx	xxxccc	ccbbb	bbbnn	nnmm	mm,,,	ccnnn
mmbb	mmvvv	cccnn	xxxnn	zzxxnn	ccc,,,	zzznn
bvznc	nzvmxb	zcxvcn	nxcnvc	cmcxz	bmxcnn	vvxcvn
zxcvb	mnmn	zxcvb	mnmn	zxcvb	mnnm	zxcvb
zxnncx	vzxzn	ncnvbn	czczbn	mcxn	bczxb	vczxz
bvcxz	cvbnm	bvcxz	cvbn	bvcxz	cvbnm	cvbnm

【练习 1-3】 数字键盘指法练习。

数字键盘位于键盘的最右边，也称为小键盘。适合对大量的数字进行输入的用户，其操作简单，只用右手便可完成相应的操作。其键盘指法分工与主键盘一样，基准键为 4、5、6。其指法分工如图 1-5 所示。

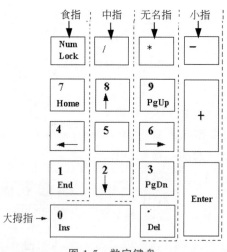

图 1-5 数字键盘

1040	4047	4047	1404	7407	4107
1044	0477	0477	0369	6936	9630
6963	9630	0963	9660	6093	3906
4565	5456	5464	4564	5464	4564
5464	5566	4664	9633	3996	3960
3693	3696	3696	3690	3969	3690
1407	1470	7410	1407	0147	0477
0701	4140	1070	8585	0028	0850
2580	2852	0588	0585	0588	2580
4455	4554	4555	6655	4666	4664
5565	5655	5656	2580	0588	8500
2085	5280	8508	0058	0580	0080
8505	5882	2058	2208	2585	0258
2258	0588	0582	9699	6963	0696
0639	9660	3993	0369	3993	3639

【练习 1-4】 中文输入法练习。

按 Ctrl+Space(空格键)快捷键在英文输入法和默认中文输入法之间切换。单击任务栏上的输入法图标,或者按 Ctrl+Shift 快捷键可以选择某种中文输入法。

根据选定的中文输入法,通过键盘输入该输入法的输入码并选择要输入的中文字符。具体输入方法可参阅相关输入法的介绍。

【练习 1-5】 指法训练软件使用。

指法训练软件最好采用如 TT、CAI 和"打字通"这些训练软件,它们有一定的科学性和合理性,利用这些软件可以使指法得到充分的训练,达到快速、准确地输入英文字母的目的。建议网上下载相关指法训练软件。

第 2 章　文字处理软件 Word 2016 实验

2.1　【实验 1】　Word 2016 的基本操作

2.1.1　实验目的

（1）熟悉 Word 2016 窗口界面的各个组成部分。
（2）掌握 Word 2016 文档的创建、保存、关闭和打开。
（3）掌握中、英文字符及特殊字符的输入。

2.1.2　实验内容

【练习 2-1】　使用"文件"选项卡"新建"命令建立文档。

1. 利用默认模板创建空白文档

启动 Word 2016，单击"文件"选项卡，在后台视图中单击"新建"命令，在"新建"选项区域中选择"空白文档"选项，如图 2-1 所示，即可创建一个空白文档。

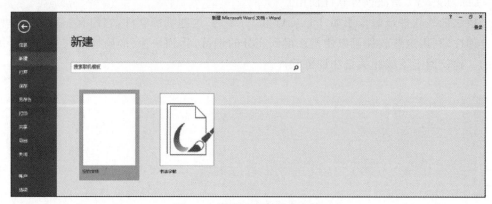

图 2-1　"新建"命令创建文档

2. 利用本机模板建立新文档

选择"文件"选项卡，在后台视图中单击"新建"命令，在"新建"选项区域中单击"灰蓝色简历"模板选项，如图 2-2 所示，可快速创建一个带有格式和基本内容的文档。

【练习 2-2】　新建 Word 2016 文档并输入内容。

（1）新建一个空白文档。

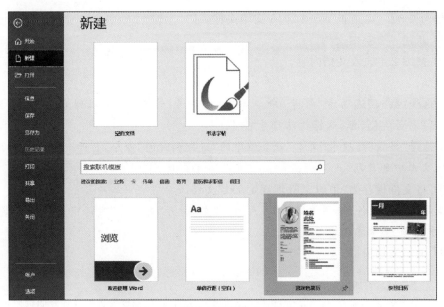

图 2-2 利用本机模板建立新文档

提示：

① 启动 Word 2016 程序,自动新建一个空白文档。

② 启动 Word 2016 程序后,按快捷键 Ctrl+N 直接新建一个空白文档。

(2) 在空白文档中输入图 2-3 中的文本内容。

提示：选择一种熟悉的输入法输入文本,段首不要空格。除段落结束外,输入过程中不要按 Enter 键,注意中英文输入法的切换。

(3) 以"显卡.docx"为文件名保存该文档。

提示：单击快速访问工具栏上的保存按钮,打开"保存"对话框进行保存。

(4) 关闭文档窗口。

显卡

显卡作为计算机主机里的一个重要组成部分,对于喜欢玩游戏和从事专业图形设计的人们来说显得非常重要。民用显卡图形芯片供应商主要包括 ATI 和 NVIDIA 两家。

全称是 Graphic Processing Unit,中文翻译为"图形处理器"。NVIDIA 公司在发布 GeForce 256 图形处理芯片时首先提出的概念。GPU 使显卡减少了对 CPU 的依赖,并进行部分原本 CPU 的工作,尤其是在 3D 图形处理时。

GPU 所采用的核心技术有硬件 T&l、立方环境材质贴图和顶点混合、纹理压缩和凹凸映射贴图、双重纹理四像素 256 位渲染引擎等,而硬件 T&l 技术可以说是 GPU 的标志。

显示卡(Display Card)的基本作用就是控制计算机的图形输出,由显示卡连接显示器,才能够在显示屏幕上看到图像,显示卡由显示芯片、显示内存、RAMDAC 等组成,这些组件决定了计算机屏幕上的输出,包括屏幕画面显示的速度、颜色,以及显示分辨率。显示卡从早期的单色显示卡、彩色显示卡、加强型绘图显示卡,一直到 VGA(Video Graphic Array)显示绘图数组,都是由 IBM 主导显示卡的规格。VGA 在文字模式下为 720*400 分辨率,在绘图模式下为 640*480*16 色,或 320*200*256 色,而此 256 色显示模式即成为后来显示卡的共同标准,因此通称显示卡为 VGA。而后来各家显示芯片厂商更致力把 VGA 的显示能力再提升,而有 SVGA(SuperVGA)、XGA(eXtended Graphic Array)等名词出现,显示芯片厂商更把 3D 功能与 VGA 整合在一起,即成为所惯称的 3D 加速卡,3D 绘图显卡。

图 2-3 实验素材一

【练习 2-3】 建立非 Word 2016 文档文件。

(1) 新建一个空白文档。

(2) 按图 2-4 输入文档内容。

提示：

① 选择"插入"选项卡"符号"命令组中的"符号"命令，在下拉列表中选择"其他符号"，打开"符号"对话框，选择特殊符号"☞"。

② 选择"插入"选项卡"文本"命令组中的"日期和时间"命令，打开"日期和时间"对话框，插入文本中的日期。

(3) 将文件保存为"值班室管理规定.txt"文件。

提示：单击"文件"选项卡中的"另存为"命令，打开"另存为"对话框，在"保存类型"下拉列表中选择"纯文本"。

(4) 关闭文档窗口。

```
☞值班室管理规定
第一条  熟悉业务，认真钻研，提高业务水平。文明值班，积极妥善地处理好职责
       范围内的一切业务。
第二条  坚守工作岗位，不得擅离职守，不做与值班无关的事项。
第三条  加强安全责任，保守机密，不得向无关人员泄露有关公司内部的情况。
第四条  遇到特殊情况需换班或代值班者必须经值班主管同意，否则责任自负。
第五条  按规定时间交接班，不得迟到早退，并在交班前写好值班记录，以便分清
       责任。
                                                        2023 年 9 月 1 日
```

图 2-4　实验素材二

2.2　【实验 2】　Word 2016 文本的编辑

2.2.1　实验目的

(1) 掌握文本的各种选定方法。

(2) 掌握文本的删除、复制、移动、撤销和恢复等操作。

(3) 掌握文本的查找、替换和定位。

2.2.2　实验内容

【练习 2-4】 文本的删除、复制和移动。

(1) 打开文档"显卡.docx"。

(2) 将文档的第三段移动为最后一段。

提示：

① 单击"开始"选项卡"剪贴板"命令组右下角的"对话框启动器"按钮，打开"剪贴板"

窗格,熟悉该窗格的使用。

② 使用"开始"选项卡"剪贴板"命令组中的"剪切"和"粘贴"命令进行移动;或选中第三段,使用鼠标左键直接拖动至文档最后。

(3) 删除文档第一段内容。

(4) 撤销第(3)步的操作。

提示:单击快速访问工具栏的"撤销"命令,撤销上一步的操作。

(5) 保存文档。

【练习 2-5】 文本的查找和替换。

(1) 打开文档"显卡.docx"。

(2) 查找文档中的"显卡"一词。

提示:单击"开始"选项卡"编辑"命令组中的"查找"命令,打开导航窗格,进行查找。

(3) 将文档中"GPU"一词替换为"图形处理器",替换后字体格式设置为"隶书,四号,红色,加粗,着重号"。

提示:单击"开始"选项卡"编辑"命令组中的"替换"命令,打开"查找和替换"对话框,选择"替换"选项卡,分别在"查找内容"和"替换为"文本框中输入"GPU"和"图形处理器",单击"替换为"文本框内部,然后单击"格式"命令,在弹出的菜单中选择"字体"命令,打开"替换字体"对话框,将字体格式设置为"隶书,四号,加粗,红色,着重号",然后关闭对话框。单击"全部替换"按钮,对设置的内容进行全文档替换。

(4) 保存文档。

2.3 【实验3】 Word 2016 文档的格式设置

2.3.1 实验目的

(1) 掌握字符格式的设置。

(2) 掌握段落的对齐、缩进、行间距和段间距、项目符号和编号、首字下沉、边框和底纹等格式的设置。

(3) 掌握页面的纸张、页边距、纸张方向、版式、页面颜色、页面背景、水印效果等格式的设置。

2.3.2 实验内容

【练习 2-6】 字符格式的设置。

(1) 打开文件"招聘启事.docx"。

(2) 设置标题行"招聘启事"的字体为小二号、黑体、加粗,设置字符间距加宽1磅。

提示:可以用"字体"命令组设置;也可单击"字体"命令组右下角的"对话框启动器"按钮,打开"字体"对话框,进行设置;也可用浮动工具栏设置。

（3）设置最后两段落款文字的字体为红色、加下画线。

（4）按原文件名保存文件。

【练习2-7】 段落格式的设置。

（1）打开文件"招聘启事.docx"。

（2）设置标题行"招聘启事"居中显示，并添加蓝色文字边框。

提示：单击"开始"选项卡"段落"命令组中的"边框"按钮右侧的三角按钮，在下拉列表中选择"边框与底纹"命令，打开"边框与底纹"对话框，单击"边框"选项卡，为选定的文字添加边框。

（3）设置正文（除标题行外的所有文本）首行缩进2字符，左右缩进1字符，单倍行距，段后间距1行。

提示：可以选择"开始"选项卡的"段落"命令组进行段落格式设置；也可单击"段落"命令组右下角的"对话框启动器"按钮，打开"段落"对话框，使用该对话框进行设置。

（4）按原文件名保存文件。

【练习2-8】 页面格式设置。

（1）打开文件"招聘启事.docx"。

（2）为文档设置页面颜色填充效果为"羊皮纸"纹理。

提示：可以单击"设计"选项卡"页面背景"命令组的"页面颜色"命令，在下拉列表中单击"填充效果"命令，打开"填充效果"对话框，使用该对话框进行设置。

2.4 【实验4】 长文档的编辑

2.4.1 实验目的

（1）掌握使用格式刷和样式实现文档格式的重用。
（2）掌握使用分页、分节和分栏等操作划分页面板块。
（3）掌握设置页眉和页脚的方法。
（4）掌握插入目录、添加引用内容。

2.4.2 实验内容

【练习2-9】 使用样式实现格式重用。

（1）打开文件"职业教程.docx"。

（2）修改"开始"选项卡中"样式"命令组样式列表中的样式：

① 将"标题1"样式的格式修改为：三号字、黑体、居中、段前后各1.5行。

提示：右击"样式"命令组样式库中要修改的样式"标题1"，在快捷菜单中，选择"修改"命令，打开"修改样式"对话框，在此对话框中调整样式的设置。

② 将"标题2"样式的格式修改为：四号字、楷体、加粗、左对齐、段前后各1行。

提示：同①。

③ 将"标题3"样式的格式修改为：小四号字、宋体、加粗、左对齐，定义此格式样式为"三级标题"。

提示：同①。

④ 将"正文"样式的格式修改为：五号字、隶书、左对齐、首行缩进2个字符，1.5倍行距。

提示：同①。

(3) 使用上面修改好的样式，重置文档中各级标题和正文的格式。

提示：选中需要应用样式的文本或段落，或直接将插入点置于段落中，在样式列表中选择所需样式，所选文本或段落就按该样式重新排版。

(4) 按原文件名保存文件。

【练习2-10】 设置分栏、通栏标题、等栏宽。

(1) 打开文件"招聘启事.docx"。

(2) 将文档分成栏宽相等的两栏，显示分隔线，设置通栏标题，设置左右两栏为等长栏。

提示：

① 选中整篇文档，单击"布局"选项卡"页面设置"命令组中的"分栏"命令，在弹出的菜单中选择"更多栏"命令，打开"分栏"对话框，在此对话框中进行相应参数设置。

② 设置为通栏标题的方法是：选中要设置为通栏标题的文本，单击"页面设置"命令组的"分栏"命令，选择"一栏"即可。

③ 设置等长栏的方法是：将插入点置于要设置等长栏的文本结尾处，单击"页面设置"命令组的"分隔符"命令，选择"连续"型分节符即可。

(3) 设置正文第一段首字下沉，下沉行数为3，距正文1厘米。

提示：选中第一段段落，使用"插入"选项卡"文本"命令组中的"首字下沉"命令，再单击下拉列表中的"首字下沉"命令，打开"首字下沉"对话框，设置首字字体和下沉行数等参数。

(4) 按原文件名保存文件。

【练习2-11】 插入页眉和页脚。

(1) 打开文件"职业教程.docx"。

(2) 为文档插入页眉"职业教程"，页眉设置为小五号字、宋体、居中。

提示：单击"插入"选项卡"页眉和页脚"命令组中的"页眉"命令，选择下拉列表中的"编辑页眉"命令，在插入点处输入"职业教程"，再选中页眉文本，设置字体格式。

(3) 在文档左下方页脚处插入页码，格式为Ⅰ，Ⅱ，Ⅲ，Ⅳ，…

提示：单击"插入"选项卡"页眉和页脚"命令组中的"页码"命令，在下拉列表中选择插入页码的位置和样式，系统就为各页在指定位置加上页码。再单击"插入"选项卡"页眉和页脚"命令组中的"页码"命令，在下拉列表中选择"设置页码格式"命令，打开"页码格式"对话框，在对话框中设置合适的页码格式。

(4) 按原文件名保存文件。

【练习 2-12】 生成文档目录。

(1) 打开文件"职业教程.docx"。

(2) 在文档开头插入文档目录,标题显示级别设置为 3。

提示:编排目录前必须做好准备工作:将文档中的各级标题用系统的标题样式进行格式化并为文档插入页码(练习 2-9 和 2-11 已分别完成该两项操作)。之后,单击"引用"选项卡中"目录"命令组的"目录"命令,选择列表中的"插入目录"命令,打开"目录"对话框,在该对话框中可以进行创建目录设置。

【练习 2-13】 添加题注。

(1) 打开"显卡.docx"文档,插入点定位到图片下方。

(2) 在"引用"选项卡上,单击"题注"命令组中的"插入题注"命令,打开"题注"对话框。

(3) 在"标签"下拉列表中,选择标签类型为"图";如果没有"图"标签,可单击下方的"新建标签"命令,创建"图"标签。

(4) 单击"编号"命令,打开"题注编号"对话框,在"格式"下拉列表中可重新指定题注编号的格式。这里选择默认的"图 1"。

(5) 在"图注"文本框"图 1"后面输入"显卡"。

(6) 所有的设置均完成后单击"确定"按钮,即可将题注添加到相应的文档位置。

【练习 2-14】 添加尾注。

(1) 打开"显卡.docx"文档,选择文档中第一段的文本"ATI"。

(2) 单击功能区"引用"选项卡"脚注"命令组右下角的"对话框启动器"按钮,打开"脚注和尾注"对话框,对脚注或尾注的位置、格式及应用范围等进行设置。例如,"位置"选择"尾注"列表中的"文档结尾"。单击"插入"按钮。

(3) 在尾注编号后插入点位置输入"创立于 1985 年的 ATI 公司是全球著名的 3D 图形及多媒体技术供应商,专门设计、制造和销售适用于个人计算机的多媒体解决方案和图形元件,是唯一一家能和 NVIDIA 相抗衡的公司。2006 年被 AMD 公司收购。"完成尾注的插入。

2.5 【实验 5】 Word 2016 表格的操作

2.5.1 实验目的

(1) 掌握 Word 2016 中表格的创建方法。
(2) 掌握表格中内容的输入与编辑操作。
(3) 掌握表格格式设置的方法。
(4) 掌握表格与文本之间的转换。
(5) 掌握表格中数据的排序与计算。

2.5.2 实验内容

【练习 2-15】 表格的建立与编辑。

(1) 新建一个空白文档,在文档中插入一个5行3列的表格,按表2-1中所示,为表格输入数据。

表 2-1 实验素材三

姓　名	数　学	语　文
张达	90	86
王尔华	85	89
李武	98	98
郭柳柳	82	90

提示:创建好表格后,将插入点置于单元格中,然后输入文本。

(2) 在表格最上面插入一行,输入"成绩单"三字作为表头,合并此行的3个单元格。

提示:插入点置于表格第一行中,单击"表格工具布局"选项卡"行和列"命令组中的"在上方插入"命令。在新插入行的第一个单元格中输入"成绩单"。选中该行,单击"表格工具布局"选项卡"合并"命令组的"合并单元格"命令。

(3) 在表格最下面插入一行,在该行第一列单元格中输入"平均成绩"。

提示:插入点置于表格第一行中,单击"表格工具布局"选项卡"行和列"命令组的"在下方插入"命令。

(4) 将文档以"成绩表格"为文件名保存。

【练习 2-16】 表格格式的设置。

(1) 打开文件"成绩表格.docx"。

(2) 在表格的左侧插入一列,合并该列单元格,输入"第一学期成绩",设置文字方向为"纵向"。

提示:输入"第一学期成绩"后,选中该单元格,右击,在快捷菜单中选中"文字方向"命令,弹出"文字方向"对话框,在对话框中选择"纵向"。

(3) 将表头"成绩单"文字格式改为黑体、四号、加粗、分散对齐。

提示:对表格中字符格式的设置与在文档中对字符格式的设置操作类似。

(4) 设置除成绩单和第一学期成绩以外的其他单元格中文字格式为宋体、五号,内容在单元格中水平居中,表格在文档中居中对齐。

提示:选中单元格,右击,在快捷菜单中选择"单元格对齐方式"命令,在级联菜单中选择"水平居中"命令,即可使单元格中的内容水平居中。选中表格,选择"开始"选项卡中"段落"命令组中的"居中"命令,可使表格在文档中居中对齐。

(5) 设置表格所有边框线为1磅的单实线,将姓名列左侧的框线改为0.5磅红色双实线。

提示:选中表格,单击"开始"选项卡"段落"命令组中"边框和底纹"命令旁的三角按钮,打开"边框和底纹"对话框,进行设置。

(6) 按原文件名保存文件。

【练习 2-17】 表格中数据的计算。

(1) 打开文件"成绩表格.docx"。
(2) 用公式计算数学和语文成绩平均分,并填入对应单元格。

提示:插入点置于要输入数学平均成绩的单元格,单击"表格工具布局"选项卡"数据"命令组中的"公式"命令,在公式框中输入"=AVERAGE(ABOVE)",单击"确定"按钮。再在要输入语文平均成绩的单元格中进行同样的操作。

(3) 按原文件名保存文件。

2.6 【实验6】 Word 2016中其他对象的操作

2.6.1 实验目的

(1) 掌握图片、图形、文本框、艺术字、公式等对象的插入和编辑。
(2) 掌握 SmartArt 智能图形的创建。
(3) 掌握图文混排方法。

2.6.2 实验内容

【练习2-18】 图片、图形、文本框、艺术字的插入。
(1) 打开文件"招聘启事.docx"。
(2) 在文档中插入艺术字"招聘启事"。

提示:单击"插入"选项卡"文本"命令组的"艺术字"命令,在下拉列表中选择一种艺术字样式,这时会在文档插入点位置出现艺术字框,在框内输入"招聘启事"。

(3) 插入竖排文本框,将正文第一段文字填入。

提示:选中第一段文本,单击"插入"选项卡"文本"命令组的"文本框"命令,在下拉列表中选择"绘制竖排文本框"命令,用鼠标选中文本框,并将文本框拖曳至合适位置,拖动文本框边框至合适大小。

(4) 在文档中插入任意一张图片。

提示:选择"插入"选项卡"插图"命令组中的"图片"命令,打开"插入图片"对话框,选择要插入的图片,单击"插入"按钮。

(5) 按原文件名保存文件。

【练习2-19】 图文混排。
(1) 打开文件"招聘启事.docx"。
(2) 设置艺术字标题格式为华文行楷,高1.5厘米,宽11厘米,版式为四周型,并居中对齐。

提示:选中艺术字标题内的文字,在"开始"选项卡"字体"命令组中设置字体格式。选中艺术字框,右击,在快捷菜单中选中"其他布局选项",弹出"布局"对话框,在"大小"选项卡中设置高度和宽度,在"文字环绕"选项卡中设置"四周型",在"位置"选项卡中设置居中对齐。

(3) 设置插入的竖排文本框,文字为蓝色,框内填充"浅绿色",框线为 6 磅三线。

提示:选中文本框中的文字,在"开始"选项卡"字体"命令组中设置字体格式。选中文本框,右击,在快捷菜单中选择"设置形状格式"命令,设置填充颜色和线型。

(4) 在文档中插入文本框,填入"图 1-1 招聘启事",将文本框移至图片下方,再将文本框与图片组合在一起。

提示:插入文本框,输入文字。拖动文本框至图片下方,按住 Ctrl 键的同时单击图片和文本框,放开 Ctrl 键,在选中区域右击,在快捷菜单中选择"组合"命令。

(5) 按原文件名保存文件。

【练习 2-20】 创建 SmartArt 图形。

(1) 创建一个空白文档。

(2) 使用 SmartArt 创建如图 2-5 所示的组织结构图。

提示:

① 选择图形类型。单击"插入"选项卡中"插图"命令组的 SmartArt 按钮,弹出"选择 SmartArt 图形"对话框,切换至"层次结构"选项卡,选择所需类型。

② 添加形状。右击需要添加形状的位置,在快捷菜单中单击"添加形状"→"在后面添加形状"命令。此时,在所选图形的后面添加了一个新的形状。输入需要的文本内容。

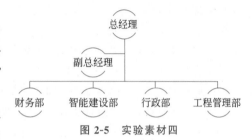

图 2-5 实验素材四

③ 更改颜色。选中图形,单击"SmartArt 工具设计"选项卡"更改颜色"命令,在下拉列表中选择所需颜色。

④ 设置艺术字样式。选中图形,在"SmartArt 工具格式"选项卡"艺术字样式"列表中选中所需的样式。

(3) 以"组织结构图"为文件名保存文件。

2.7 【实验 7】 Word 2016 中修订文档与邮件合并

2.7.1 实验目的

(1) 学会为文档添加批注,修订文档,设置批注与修订,自动更正。

(2) 掌握邮件合并功能,批量创建信函、电子邮件、传真、信封、标签等。

2.7.2 实验内容

【练习 2-21】 在文档中插入批注和文档修订。

(1) 打开文档"显卡.docx"。

(2) 对第一段的文字("显卡"二字)添加批注,批注内容为"这是标题";对第二段中"人们"一词添加批注,批注内容为"是否改为'用户'一词?"。

提示:选择要设置批注的文本,单击"审阅"选项卡"批注"命令组中的"新建批注"命令,在文档右侧显示的批注框中输入批注内容。

(3) 启动文档的修订模式,将第一段内容格式修改为黑体,小三号,加粗,居中,将第二段中的"显得"一词删除。

提示:单击"审阅"选项卡"修订"命令组中的"修订"命令,可进入修订模式。在修订模式中可对文档内容进行任意修改,每一次修改都将显示出特有的修订标记。

(4) 接受修订中对文档所做的修改。

提示:右击某个修订,在弹出的快捷菜单中选择"接受格式更改"命令以确定接受对文档内容的修改。

(5) 保存文档。

【练习2-22】 邮件合并。

(1) 打开实验素材文件夹中的"获奖证书主文档.docx"文件。

(2) 在"邮件"选项卡"开始邮件合并"命令组中,单击"选择收件人",在命令列表中选择"使用现有列表",打开"选取数据源"对话框。

(3) 在"选取数据源"对话框中,选择"获奖表.xlsx"文件为数据源文件。

(4) 在主文档中将插入点定位于"团队"文本前面,在"邮件"选项卡"编辑和插入域"命令组中单击"插入合并域",在列表中选择要插入的域名"团队名称"。

(5) 将插入点定位于"荣获"文本后面,在"邮件"选项卡"编辑和插入域"命令组中单击"插入合并域",在列表中选择要插入的域名"获奖成绩"。

(6) 将插入点定位于"团队成员:"文本后面,在"邮件"选项卡"编辑和插入域"命令组中单击"插入合并域",在列表中选择要插入的域名"团队成员"。

(7) 将插入点定位于"指导老师:"文本后面,在"邮件"选项卡"编辑和插入域"命令组中单击"插入合并域",在列表中选择要插入的域名"指导老师"。

(8) 在"邮件"选项卡中,单击"完成"命令组中的"完成并合并"命令,从打开的下拉列表中选择合并结果输出方式为"编辑单个文档",打开"合并到新文档"对话框,单击"确定"按钮。

(9) 把形成的合并结果文档保存为"获奖证书",同时保存主文档。

【练习2-23】 合并数据源中符合条件的特定记录。

(1) 打开实验素材文件夹中的"学生成绩单主文档.docx"文件。

(2) 在"邮件"选项卡"开始邮件合并"命令组中,单击"选择收件人",在命令列表中选择"使用现有列表",打开"选取数据源"对话框。

(3) 在"选取数据源"对话框中,选择"学生成绩表.xlsx"文件为数据源文件。

(4) 在"邮件"选项卡"开始邮件合并"命令组中,单击"编辑收件人列表",打开"邮件合并收件人"对话框,单击"筛选"按钮,打开"筛选和排序"对话框。

(5) 在"筛选和排序"对话框"筛选记录"选项卡中,设置"域"为"系部","比较关系"为

"等于","比较对象"为"信息科学"。在"排序记录"选项卡中设置"排序依据"为"学号"。单击"确认"按钮。

(6) 在主文档中将插入点定位于"同学"文本前面,在"邮件"选项卡"编辑和插入域"命令组"插入合并域",在列表中依次选择"系部""学号""姓名"选项。

(7) 将插入点定位于"成绩为:"文本后面,在"邮件"选项卡"编辑和插入域"命令组中单击"插入合并域",在列表中选择要插入的域名"成绩"。

(8) 在"邮件"选项卡中,单击"完成"命令组中的"完成并合并"命令,从打开的下拉列表中选择合并结果输出方式为"编辑单个文档",打开"合并到新文档"对话框,单击"确定"按钮。

(9) 把形成的合并结果文档保存为"信息科学系学生成绩单",同时保存主文档。

2.8 【实验 8】 MS Office 2016 全国计算机二级考试 Word 2016 真题

2.8.1 实验目的

掌握 Word 2016 的综合应用。

2.8.2 实验内容

【练习 2-24】 在实验素材文件夹下打开文档 word.docx,按照要求完成以下操作。

某国际学术会议将在某高校大礼堂举行,拟邀请部分专家、老师和学生代表参加。因此,学术会议主办方需要制作一批邀请函,并分别递送给相关专家、老师和学生代表。

请按照以下要求,完成邀请函的制作。

(1) 调整文档的版面,要求页面高度为 20 厘米,页面宽度为 28 厘米,页边距(上、下)为 3 厘米,页边距(左、右)为 4 厘米。

(2) 将实验素材文件夹下的图片"背景图片.JPG"设置为邀请函背景图片。

(3) 根据"word-最终参考样式.docx"文件,调整邀请函内容文字的字体、字号以及颜色。

(4) 调整正文中"国际学术交流会议"和"邀请函"两个段落的间距。

(5) 调整邀请函中内容文字段落对齐方式。

(6) 在"尊敬的"和"同志"文字之间,插入拟邀请的专家、老师和学生代表的姓名,姓名在实验素材文件夹下"通讯录.xlsx"文件中。每页邀请函中只能包含 1 个姓名,所有的邀请函页面请另外保存在一个名为"word-邀请函.docx"的文件中。

(7) 邀请函制作完成后,以"最终样式.docx"文件名进行保存。

第 3 章　电子表格软件 Excel 2016 实验

3.1　【实验 1】　Excel 2016 的基本操作

3.1.1　实验目的

(1) 掌握 Excel 工作簿文件的建立、保存与打开操作。
(2) 掌握工作表的插入、复制、移动、删除、改名等操作。
(3) 掌握单元格区域的选取操作,以及插入和删除单元格、行、列操作。

3.1.2　实验内容

【练习 3-1】　工作表的基本操作。
(1) 创建一个空白的工作簿,以"实验 1.xlsx"为文件名保存,并练习工作簿文件的另存为、关闭、打开等操作。
(2) 打开工作簿文件"实验 1.xlsx",练习工作表的插入、复制、移动、删除、改名等操作。使"实验.xlsx"中包含 4 个工作表,依次是:原始数据、房产销售情况、练习、sheet1。
(3) 选定一个单元格,观察单元格名称;选定一个矩形区域;选定一行、一列;选定多个不连续的区域。
(4) 在第 2 行前面插入一行,将刚才插入的行删除,删除 B3 单元格。
提示:
① 工作簿在创建之初默认包含 3 个工作表,观察各工作表的名称。
② 右击工作表名,可以进行工作表的插入、复制、移动、删除、改名等操作。
③ 单元格及区域选取操作。
a. 单击选定活动单元格。观察活动单元格的外观特征。并使用 Enter 键、Tab 键、Shift+Tab 键、方向键观察活动单元格的变化。
b. 通过在工作表中拖动鼠标、Shift+单击单元格、单击列标或行号、在列标或行号上拖动鼠标等操作选取连续的单元格区域。观察选定区域的外观特征。
c. 在按住 Ctrl 键的同时重复上述选取,观察选取区域的差别。
d. 单击"开始"选项卡,选择"单元格"属性中的"插入""删除"命令,可以进行插入、删除等操作。

3.2 【实验 2】 数据的输入和编辑

3.2.1 实验目的

（1）掌握工作表内单元格和区域的选取操作。
（2）掌握工作表数据的输入及编辑操作。

3.2.2 实验内容

打开 3.1 节建立的"实验 1.xlsx"工作簿文件，完成以下练习。
【练习 3-2】 数据的输入与编辑。
（1）输入不同类型的数据。

在实验 1.xlsx 的"原始数据"工作表中输入如图 3-1 所示的数据。可以单击单元格直接进行数据输入，也可以选定单元格，在编辑框中输入数据。观察各种不同类型数据的默认对齐方式和显示形式。

	A	B	C	D	E	F	G	H	I
1	东方房产12月销售表								
2	客户姓名	预定日期	楼号	户型	面积	单价	契税	契税总额	应交总额
3	徐晓林	2014-5-6	1-3-201	两室两厅	108	8023			
4	李菲	2014-5-19	2-1-601	三室两厅	128	8621			
5	彭贤超	2014-6-1	1-1-302	两室两厅	108	8432			
6	崔炳琴	2014-7-8	1-2-302	两室两厅	108	8532			
7	郭云峰	2014-7-8	1-2-1001	两室两厅	108	9358			
8	王青青	2014-7-24	2-1-1702	三室两厅	128	10235			
9	陆雪	2014-7-30	2-3-502	三室两厅	128	8978			
10	白东方	2014-8-4	2-3-401	三室两厅	128	8878			
11	黄胜瑞	2014-8-17	1-1-201	两室两厅	108	8767			
12	赵培培	2014-8-25	1-2-1502	两室两厅	108	9935			
13	刘广帅	2014-8-31	1-3-102	两室两厅	108	9623			
14	温华	2014-9-2	1-1-702	三室两厅	128	10373			
15	王新秀	2014-9-10	2-2-201	三室两厅	128	9108			
16									

图 3-1 房产销售情况表数据

提示：

① 第 1 行标题在 A1 单元格中输入，其字符串长度超过了该单元格的宽度，而右邻 B2 单元格没有内容，则 A1 内容占用 B2 的位置进行显示。

② 销售人员编号所在列的单元格内输入的是数字形式的字符型数据。请注意其输入方法。

③ 预定日期所在列的单元格输入的是日期型数据。选定该行，右击，在弹出的对话框中选择"设置单元格格式"，在"数字"选项卡中选择"日期"，在"类型"中选择"*2001-3-14"，确定后格式生效。

(2) 选择性粘贴。

选定 B2:B15 以及 D2:E15 单元格区域,将其转置复制到 A17 开始的区域,形成工作表内的第二个表格。

提示:转置是使表格行变列、列变行。实现的方法是选定要转置区域进行复制,然后选定目标区域的起始单元格,单击"开始"选项卡下的"粘贴"按钮,在下拉菜单中选择"选择性粘贴",在弹出的对话框中选中"转置"复选框。或者选定目标区域的起始单元格右击,在弹出的快捷菜单中选择"选择性粘贴"。

【练习3-3】 自动填充。

选择名为"练习"的工作表,利用自动填充功能,输入以下几组数据:

(1) 15%、15%、15%、15%、15%、15%、15%

(2) 1、3、5、7、9、11、13、15、17

(3) 1、3、9、27、81、243、729

(4) 星期四、星期五、星期六、星期天、星期一、星期二

(5) 第一学年、第二学年、第三学年、第四学年

提示:

① 第(1)组为相同数据填充。只需在第1个单元格输入15%,拖动填充柄即可。

② 第(2)、(3)组为等差数列和等比数列,可以单击"开始"选项卡下"编辑"属性中的"填充"命令,在下拉菜单中选择"系列",在弹出的"序列"对话框中进行设置。

③ 第(4)组数据为系统已定义的序列。可以在"文件"选项卡中单击"选项"命令弹出"Excel 选项"对话框,选择"高级"选项卡中的"常规"一栏,单击"编辑自定义列表"按钮,在弹出的"自定义序列"对话框中的"自定义序列"列表中找到。因此,输入"星期四"后,直接拖动填充柄即可完成。

④ 第5组为自定义序列。首先需要将这组数据全部输入,然后选中这个区域。打开上面的"自定义序列"对话框,单击"导入"按钮,序列添加到左侧的"自定义序列"列表中。

⑤ 使用自定义序列。在单元格中输入自定义序列的任意一列,行或列方向拖动填充柄,即可进行自定义序列的自动填充。

【练习3-4】 设置有效性规则。

在原始数据工作表中选定 F3:F15 单元格区域,设置数据有效性为数值型数据,位于88~148,数据输入的出错警告信息设置为标题"非法数据",错误信息设置为"请输入位于88~148 的数。"将 F3 的数据改为 150,观察系统对该数据的处理。

提示:

① 单击"数据"选项卡中的"数据有效性"按钮,弹出"数据有效性"对话框。设置有效性和出错警告。

② 在设置了数据有效性的单元格中输入非法数据,则系统弹出"出错警告信息"对话框,单击"取消"按钮放弃非法数据输入。

3.3 【实验 3】 工作表的格式化

3.3.1 实验目的

(1) 掌握单元格的格式化操作。
(2) 掌握工作表的条件格式化操作。

3.3.2 实验内容

打开 3.2 节建立的实验 1.xlsx 工作簿,完成以下练习。

【练习 3-5】 单元格格式的设置。

将"原始数据"工作表 A1:J15 区域的内容复制到"房产销售情况"工作表。

(1) 选定"房产销售情况"工作表,将 C3:C15 分别设置成如下格式的日期数据,观察单元格以及编辑框中日期格式的变化。

```
23-3-4,1988/5/4,5月8日,98/12/13,1919/10,二〇〇一年三月十四日,14-May-01,March-02
```

(2) 选中 A1:J1 单元格区域,将该区域合并居中,设置字体为隶书、20 号字;第 1 行行高为 25,其余行为最合适行高。

(3) 选中 A2:J2 单元格,将其设置为水平居中、垂直居中。

提示:"开始"选项卡的"对齐方式"面板和"字体"面板可以设置合并居中,字体字号等。

"开始"选项卡中"单元格"面板的"格式"下拉菜单,可以设置行高、列宽等。也可以选择要设置的行或列,右击,选择"行高"或"列宽"命令进行设置。

(4) 将单价前面加"¥"货币符号,设置保留 2 位小数。

提示:设置完成后,该列的原始数据不变,数据前面增加了一个"¥"符号,后面添加了 2 位小数。

(5) 设置表格边框:A2:J16 外框为粗线,内框为细线;A2:J2 外框设置为粗线;第 2 行填充水绿色背景;A16:J16 区域填充橙色背景。

提示:"开始"选项卡的"字体"面板可以设置边框、底纹。

【练习 3-6】 条件格式的设置。

在 F3:F15 区域内,将用绿-黄色阶表示,将房产的面积用不同颜色的底纹填充。

提示:在"开始"选项卡中的"样式"面板单击"条件格式"按钮;在下拉菜单中选择"色阶"即可。

3.4 【实验 4】 公式和函数的使用

3.4.1 实验目的

(1) 掌握工作表中常用函数的使用。
(2) 掌握工作表中公式的使用。

3.4.2 实验内容

打开实验 3 中创建的工作表实验 1.xlsx。在"房产销售情况表"工作表中完成以下操作。

【练习 3-7】 公式和函数的使用。

(1) 在 H3 单元格中输入公式,计算当前房子的契税。房产面积小于 90m^2,契税为 1%;房产面积大于或等于 90m^2,小于或等于 140m^2,契税为 1.5%;房产面积在 140m^2 以上,契税为 3%。

(2) 在 I3 单元格中输入公式,计算出当前房子的契税总额。

$$契税总额=单价×面积×契税$$

(3) 在 J3 单元格中输入公式,计算出应交总额。

$$应交总额=单价×面积×(1+契税)$$

(4) 在 J16 单元格中计算应交总额的总和。

提示:

① 公式的输入都是以"="开始的,要注意公式中对于单元格的引用应根据要求使用绝对引用、相对引用或者混合引用。

② 作为公式的一部分的函数的输入,可以直接使用键盘输入;也可以在应该输入函数时选择"开始"选项卡,在"编辑面板"的"自动求和"下拉菜单中选择常用函数;也可以选择其他函数;打开"插入函数"对话框进行函数的选择。如果函数有参数,在"函数参数"对话框中输入或者选择参数区域。

③ 计算契税,需要使用嵌套的 if 函数;计算应交总额的和,需要使用 sum 函数。

【练习 3-8】 公式的复制与移动,结果见图 3-2。

(1) 利用 H3 的公式,将 H3 到 H15 区域的数据补充完整,计算每套房子的契税。
(2) 利用 I3 的公式,将 I3 到 I15 区域的数据补充完整,计算每套房子的契税总额。
(3) 利用 J3 的公式,将 J3 到 J15 区域的数据补充完整,计算每套房子的应交总额。
(4) 将 I3:J15 的数据前添加货币符号"¥",保留 2 位小数。

提示:复制公式有以下两种方法。

① 选定 H3 单元格,复制 H3 单元格;选定 H4:H15 区域,粘贴,即可将 H3 单元格的公式复制到 H4:H15 中的每个单元格中。

	A	B	C	D	E	F	G	H	I	J
1	东方房产12月销售表									
2	销售人员	客户姓名	预定日期	楼号	户型	面积	单价	契税	契税总额	应交总额
3	08001	徐晓林	2014-5-6	1-3-201	四室两厅	148	¥8,023.00	3.00%	¥35,622.12	¥1,223,026.12
4	08003	李菲	2014-5-19	2-1-601	三室两厅	128	¥8,621.00	1.50%	¥16,552.32	¥1,120,040.32
5	08001	彭贤超	2014-6-1	1-1-302	两室两厅	88	¥8,432.00	1.00%	¥7,420.16	¥749,436.16
6	08002	崔炳琴	2014-7-8	1-2-302	三室两厅	108	¥8,532.00	1.50%	¥13,821.84	¥935,277.84
7	08002	郭云峰	2014-7-8	1-2-1001	三室两厅	108	¥9,358.00	1.50%	¥15,159.96	¥1,025,823.96
8	08001	王青青	2014-7-24	2-1-1702	三室两厅	128	¥10,235.00	1.50%	¥19,651.20	¥1,329,731.20
9	08003	陆雪	2014-7-30	2-3-502	三室两厅	128	¥8,978.00	1.50%	¥17,237.76	¥1,166,421.76
10	08002	白东方	2014-8-4	2-3-401	三室两厅	128	¥8,878.00	1.50%	¥17,045.76	¥1,153,429.76
11	08001	黄胜瑞	2014-8-17	1-1-201	两室两厅	88	¥8,767.00	1.00%	¥7,714.96	¥779,210.96
12	08003	赵塔塔	2014-8-25	1-2-1502	三室两厅	108	¥9,935.00	1.50%	¥16,094.70	¥1,089,074.70
13	08002	刘广帅	2014-8-31	1-3-102	三室两厅	108	¥9,623.00	1.50%	¥15,589.26	¥1,054,873.26
14	08003	温华	2014-9-2	1-1-702	三室两厅	128	¥10,373.00	1.50%	¥19,916.16	¥1,347,660.16
15	08001	王新秀	2014-9-10	2-2-201	三室两厅	128	¥9,108.00	1.50%	¥17,487.36	¥1,183,311.36
16										¥14,157,317.56

图 3-2 房产销售情况表最终结果

② 选定 H3 单元格，向下拖动填充柄到 H15 单元格，松开鼠标，即可完成公式的复制和移动。

3.5 【实验5】 图表的操作

3.5.1 实验目的

掌握图表的建立、编辑和格式化操作。

3.5.2 实验内容

新建工作簿，以"实验 5.xlsx"命名。在 Sheet1 工作表中输入数据，如图 3-3 所示。完成以下操作。

注意：年份、收入总额、利润总额 3 列数据直接输入。收入增长和利润增长需要使用公式计算，D4＝(B4－B3)/B3；E4＝(C4－C3)/C3；填充柄将 D5:D13、E5:E13 填充完整。以此工作表中的数据为基本数据，完成以下图表的建立、编辑和格式化操作。

	A	B	C	D	E
1	公司利润表				
2	年份	收入总额（万）	利润总额（万）	收入增长	利润增长
3	2003	1000	300		
4	2004	1100	350	10.0%	16.7%
5	2005	1230	400	11.8%	14.3%
6	2006	1300	440	5.7%	10.0%
7	2007	1500	520	15.4%	18.2%
8	2008	1700	600	13.3%	15.4%
9	2009	2000	720	17.6%	20.0%
10	2010	2300	820	15.0%	13.9%
11	2011	2700	1000	17.4%	22.0%
12	2012	3200	1100	18.5%	10.0%
13	2013	3500	1300	9.4%	18.2%

图 3-3 公司利润表

【练习 3-9】 建立图表。

选定 B2:C13 区域数据,使用"插入"选项卡的"图表"面板在当前工作表 Sheet1 中创建嵌入式图表。图表类型为三维簇状柱形图,其余选项保持原始设置不变。

提示:

① B2:C13 是连续的数据区域,不连续的数据区域也可以作为图表的数据源。例如 A2:A13、C2:C13。

② 选择数据源时,无论是连续还是不连续的区域,都要将列标题选中。如 B2:C13 区域中的 B2,C2 单元格,就是列标题。

【练习 3-10】 编辑图表。

对以上的嵌入式图表进行如下编辑操作:

(1) 将图表移动并缩放到 A15:F30 区域。

(2) 添加水平轴标签为年份。

(3) 设定图表标题为"总收入利润总额";横坐标轴标题为"年份";纵坐标轴标题为"金额"。

提示:

① 单击选中该图表,在"图表工具"的"设计"选项卡中单击"选择数据"按钮,弹出"选择数据源"对话框进行设置。在这里可以重新选择数据源,对图例项进行添加、编辑和删除操作,还可以对水平轴进行编辑。单击"水平轴标签"的"编辑"按钮,选中 A3:A13 区域。即可添加水平轴标签为"年份"。

② 在"图表工具"的"布局"选项卡中,有"标签"面板,可以添加图表标题、坐标轴标题、图例等。

【练习 3-11】 格式化图表。

对以上的嵌入式图表进行如下格式化操作:

(1) 将标题设置为隶书,20 磅。

(2) 将背景墙填充为"纯色填充",颜色为红色,淡色 80%;图表设置为圆角。

(3) 将图例移动到图表区上方。

提示:

① 图表标题、坐标轴标题都可以单击选中,对文字进行格式化。

② 设置图表某一部分的格式,有以下两种方法:

◇ 单击"图表工具"选项卡下的"格式"选项卡,单击格式面板最左侧的下拉列表,可以选择图表区域。在格式面板中进行设置。

◇ 想要编辑图表的哪一部分,就在图表上双击它,在弹出的对应的格式对话框中设置。

创建的图表如图 3-4 所示。

【练习 3-12】 创建其他类型的图表。

选择 D2:E13 区域数据,在当前工作表 Sheet1 中创建嵌入式图表,图表类型为"带数据标记的折线图",标题为"收入和利润增长率",横坐标轴标题为"年份";纵坐标轴标题为"增长率",图例靠右侧,背景墙为"新闻纸"填充,图例为"橙色,淡色 80%"填充。

创建的图表如图 3-5 所示。

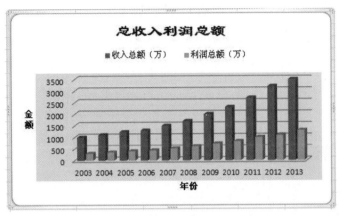

图 3-4 总收入利润柱形图

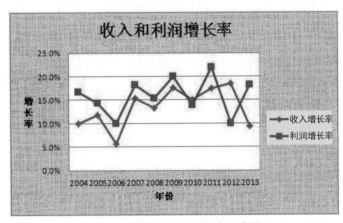

图 3-5 收入和利润增长率折线图

3.6 【实验 6】 Excel 数据管理

3.6.1 实验目的

（1）掌握数据清单的排序、筛选、分类汇总等操作。
（2）了解透视表的基本操作。

3.6.2 实验内容

打开实验 1.xlsx 工作簿；新建一个名为实验 6.xlsx 的工作簿。

将实验 1"房产销售情况表"工作表复制到实验 6.xlsx 的最后。

在实验 6.xlsx 中新建两个空工作表，令实验 6.xlsx 工作簿中有 Sheet1、Sheet2、Sheet3、Sheet4、Sheet5 五个空表。

将"房产销售情况表"工作表中的数据复制到这 5 个表各一份。

完成以下练习。

【练习 3-13】 数据清单排序。

(1) 选择 Sheet1 工作表,将"记录单"按钮添加到标题栏上的"自定义快速访问工具栏"按钮左侧,单击"记录单"按钮,打开 Sheet1 的记录单对话框,练习使用记录单操作数据的方法。

(2) 对 Sheet1 中的数据按销售人员编号的升序进行排序,编号相同使用房屋面积的升序排序。这样可以查看每个销售人员的销售情况。

提示:

① 排序操作最多可以同时设置 3 个排序关键字。

② 如果出现按汉字排序,则按照汉字字符串的拼音顺序排序,拼音字母排在后面的大于前面的。

【练习 3-14】 数据清单的筛选。

(1) 自动筛选。

在 Sheet2 的数据中,筛选出 2014 年 7 月预订的三室两厅。

提示:使用自动筛选可以完成操作。在"预订日期"列筛选下拉菜单中选择"7 月",在"户型"下拉菜单选择"三室两厅"。

自动筛选结果如图 3-6 所示。

	A	B	C	D	E	F	G	H	I	J
1					东方房产12月销售表					
2	销售人员▼	客户姓名▼	预订日期▼	楼号▼	户型▼	面积▼	单价▼	契税▼	契税总额▼	应交总额▼
5	08001	王青青	2014-7-24	2-1-1702	三室两厅	128	¥10,235.00	1.50%	¥19,651.20	¥1,329,731.20
14	08003	陆雪	2014-7-30	2-3-502	三室两厅	128	¥8,978.00	1.50%	¥17,237.76	¥1,166,421.76
16										

图 3-6 自动筛选结果

(2) 高级筛选。

在 Sheet3 工作表数据中,筛选出"08001"售出的"三室两厅"或者 8 月份预订的房子。

提示:

① 高级筛选必须在数据清单之外的区域设置筛选条件,如图 3-7 所示。筛选区域第一行必须为列标题,列出条件涉及的列。同行的条件之间是"逻辑与"的关系,不同行之间是"逻辑或"的关系。

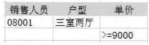

图 3-7 高级筛选条件

② 筛选条件中的"销售人员"列和"户型"列都是字符型数据,输入时需加西文双引号定界。因此,"销售人员"列输入的数据为 ="08001","户型"列输入的数据为 ="三室两厅"。"单价"列为数值型数据,不必输入双引号定界。

③ 筛选结果可以在原数据区域内显示,也可以在原数据区域外显示。如果在原数据区域外显示,则需要用户进行选择。

高级筛选结果如图 3-8 所示。

【练习 3-15】 数据清单的分类汇总。

(1) 在 Sheet4 的数据中,统计每个销售人员售出的房子套数并计算每人销售房子的

销售人员	客户姓名	预订日期	楼号	户型	面积	单价	契税	契税总额	应交总额
08002	郭云峰	2014-7-8	1-2-1001	两室两厅	108	¥9,358.00	1.50%	¥15,159.96	¥1,025,823.96
08001	王青青	2014-7-24	2-1-1702	三室两厅	128	¥10,235.00	1.50%	¥19,651.20	¥1,329,731.20
08001	白东方	2014-8-4	2-3-401	三室两厅	128	¥8,878.00	1.50%	¥17,045.76	¥1,153,429.76
08003	赵塔塔	2014-8-25	1-2-1502	两室两厅	108	¥9,935.00	1.50%	¥16,094.70	¥1,089,074.70
08002	刘广帅	2014-8-31	1-3-102	两室两厅	108	¥9,623.00	1.50%	¥15,589.26	¥1,054,873.26
08003	温华	2014-9-2	1-1-702	三室两厅	128	¥10,373.00	1.50%	¥19,916.16	¥1,347,660.16
08001	王新秀	2014-9-10	2-2-201	三室两厅	128	¥9,108.00	1.50%	¥17,487.36	¥1,183,311.36

图 3-8 高级筛选结果

总面积。只显示汇总结果,不显示详细数据。

提示:

① 题目要求房子的套数,但是原始数据中没有套数一列,选择能够唯一区别每一套房子的列,即"楼号"列,进行计数。

② 在汇总之前应先按分类字段进行排序,即按"销售人员"进行排序;然后对数据按"销售人员"进行分类,对"楼号"进行计数汇总;在此基础上再对"面积"进行求和汇总。

③ 对同一分类列"销售人员"进行了两次汇总,要使用嵌套汇总。在第一次对计数汇总的基础上,再对"面积"进行求和汇总。注意第二次汇总要将"分类汇总"对话框中的"替换当前分类汇总"的复选框取消选中。

分类汇总结果如图 3-9 所示。

	A	B	C	D	E	F	G
1			东方房产12月销售表				
2	销售人员	客户姓名	预订日期	楼号	户型	面积	单价
9	08001 汇总					708	
10	08001 计数			6			
14	08002 汇总					324	
15	08002 计数			3			
20	08003 汇总					492	
21	08003 计数			4			
22	总计					1524	
23	总计数			13			

图 3-9 分类汇总结果(一)

(2) 在 Sheet5 的数据中,统计每个销售人员每种户型的房子售出套数。

提示:

① 对不同列进行两次汇总,也要使用嵌套汇总。

② 在汇总之前应先按"销售人员"为主要关键字,"户型"为次要关键字进行排序。然后对数据按"销售人员"进行分类,对"楼号"进行计数汇总;对数据按"户型"进行分类,对"楼号"进行计数汇总。

分类汇总结果如图 3-10 所示。

【练习 3-16】 数据透视表的建立。

在 Sheet1 中,以其中的数据为源,在 A18 开始的区域做数据透视表,按照房子的面积,求契税总额,保留两位小数。

提示:

① 数据透视表是一种复杂的汇总,汇总字段可以是多个,各汇总字段的汇总方式可以不同,不需要嵌套就可以一次完成。

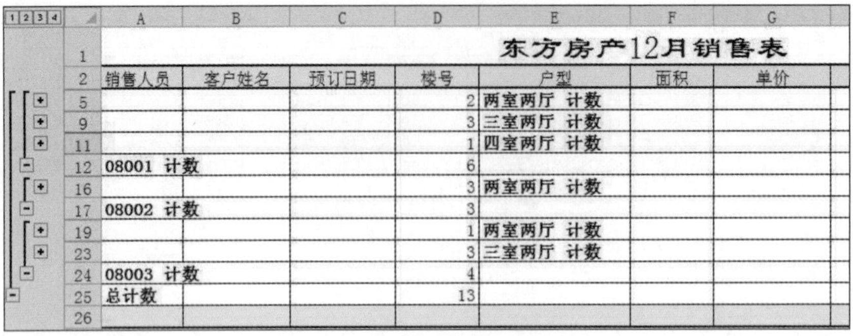

图 3-10　分类汇总结果(二)

② 本题分类字段有两个：面积和契税,两个分类字段分别在行方向和列方向上进行分类。

③ 数据透视表不需要事先按照分类列进行排序。

获得的数据透视表如图 3-11 所示。

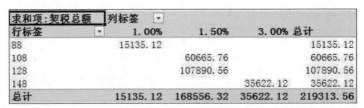

图 3-11　获得的数据透视表

3.7 【实验 7】 页面设置

3.7.1 实验目的

掌握页面设置的操作。

3.7.2 实验内容

打开"实验 6.xlsx"工作簿,选择其中的"房产销售情况表",对它进行页面设置操作,并进行打印预览。

【练习 3-17】 工作表的页面设置。

页面设置在从"开始"选项卡的"打印"选项打开的"页面设置"对话框中完成。

(1) 在对话框的"页面"选项卡中选择纸张大小为 A4,方向为"横向"。

(2) 在对话框的"页边距"选项卡中将上下左右边距均改为 3,居中方式选择水平和垂直,其余不变。

(3) 在对话框的"页眉/页脚"选项卡中,将页脚设置为页码,靠右对齐。

(4) 在“工作表”选项卡中保留初始设置不变，既不打印网格线，也不打印行号列标。

页面设置的结果如图 3-12 所示。

东方房产12月销售表

销售人员	客户姓名	预订日期	楼号	户型	面积	单价	契税	契税总额	应交总额
08001	徐晓林	2014-5-6	1-3-201	四室两厅	148	¥8,023.00	3.00%	¥35,622.12	¥1,223,026.12
08003	李丽	2014-5-19	2-1-601	三室两厅	128	¥8,621.00	1.50%	¥16,552.32	¥1,120,040.32
08001	彭贤超	2014-6-1	1-1-302	两室两厅	88	¥8,432.00	1.00%	¥7,420.16	¥749,436.16
08002	崔炳琴	2014-7-8	1-2-302	两室两厅	108	¥8,532.00	1.50%	¥13,821.84	¥935,277.84
08002	郭云峰	2014-7-8	1-2-1001	两室两厅	108	¥9,358.00	1.50%	¥15,159.96	¥1,025,823.96
08001	王青青	2014-7-24	2-1-1702	三室两厅	128	¥10,235.00	1.50%	¥19,651.20	¥1,329,731.20
08003	陆雪	2014-7-30	2-3-502	三室两厅	128	¥8,978.00	1.50%	¥17,237.76	¥1,166,421.76
08001	白东方	2014-8-4	2-3-401	三室两厅	128	¥8,878.00	1.50%	¥17,045.76	¥1,153,429.76
08001	黄晓瑞	2014-8-17	1-1-201	两室两厅	88	¥8,767.00	1.00%	¥7,714.96	¥779,210.96
08003	赵婷婷	2014-8-25	1-2-1502	两室两厅	108	¥9,935.00	1.50%	¥16,094.70	¥1,089,074.70
08002	刘广帅	2014-8-31	1-3-102	两室两厅	108	¥9,623.00	1.50%	¥15,589.26	¥1,054,873.26
08003	汤华	2014-9-2	1-1-702	三室两厅	128	¥10,373.00	1.50%	¥19,916.16	¥1,347,660.16
08001	王新秀	2014-9-10	2-2-201	三室两厅	128	¥9,108.00	1.50%	¥17,487.36	¥1,183,311.36

图 3-12 页面设置的结果

3.8 【实验 8】 MS Office 2016 全国计算机二级考试 Excel 真题

3.8.1 实验目的

Excel 综合运用。

3.8.2 实验内容

中国的人口发展形势非常严峻，为此国家统计局每 10 年进行一次全国人口普查，以掌握全国人口的增长速度及规模。按照下列要求完成对第五次、第六次人口普查数据的统计分析：

(1) 新建一个空白 Excel 文档，将工作表 sheet1 更名为“第五次普查数据”，将 sheet2 更名为“第六次普查数据”，将该文档以“全国人口普查数据分析.xlsx”为文件名进行保存。

(2) 浏览网页“第五次全国人口普查公报.htm”，将其中的“2000 年第五次全国人口普查主要数据”表格导入工作表“第五次普查数据”中；浏览网页“第六次全国人口普查公报.htm”，将其中的“2010 年第六次全国人口普查主要数据”表格导入工作表“第六次普查数据”中(要求均从 A1 单元格开始导入，不得对两个工作表中的数据进行排序)。

(3) 对两个工作表中的数据区域套用合适的表格样式，要求至少四周有边框且偶数行有底纹，并将所有人口数列的数字格式设为带千分位分隔符的整数。

(4) 将两个工作表的内容合并，合并后的工作表放置在新工作表“比较数据”中(自 A1 单元格开始)，且保持最左列仍为地区名称、A1 单元格中的列标题为“地区”，对合并后的工作表适当地调整行高列宽、字体字号、边框底纹等，使其便于阅读。以“地区”为关键字对工作表“比较数据”进行升序排列。

(5) 在合并后的工作表"比较数据"中的数据区域最右边依次增加"人口增长数"和"比重变化"两列,计算这两列的值,并设置合适的格式。其中:人口增长数＝2010年人口数－2000年人口数;比重变化＝2010年比重－2000年比重。

(6) 打开工作簿"统计指标.xlsx",将工作表"统计数据"插入正在编辑的文档"全国人口普查数据分析.xlsx"中工作表"比较数据"的右侧。

(7) 在工作簿"全国人口普查数据分析.xlsx"的工作表"比较数据"中的相应单元格内填入统计结果。

(8) 基于工作表"比较数据"创建一个数据透视表,将其单独存放在一个名为"透视分析"的工作表中。透视表中要求筛选出2010年人口数超过5000万的地区及其人口数、2010年所占比重、人口增长数,并按人口数从多到少排序。最后适当调整透视表中的数字格式。(提示:行标签为"地区",数值项依次为2010年人口数、2010年比重、人口增长数)。

【练习 3-18】 人口普查统计分析。

(1) 步骤1:打开"人口普查数据分析"文件夹,在空白处右击新建一个空白Excel文档,并将该文档命名为"全国人口普查数据分析.xlsx"。

注意:必须在考试文件夹下建立,不能在桌面建立。

步骤2:打开"全国人口普查数据分析.xlsx",双击工作表Sheet1的表名,在编辑状态下输入"第五次普查数据",双击工作表Sheet2的表名,在编辑状态下输入"第六次普查数据"。

注意:双击Sheet1后,其背景色会变为黑色,此时处于编辑状态,然后才能输入"第五次普查数据"。

(2) 步骤1:在考生文件夹下,双击打开网页"第五次全国人口普查公报.htm",如图3-13所示,并复制网址。

图 3-13 打开网页文件

注意:"第五次全国人口普查公报.htm"是一个网页,需要用"浏览器打开",此处以360浏览器为例。

步骤 2：在工作表"第五次普查数据"中选中 A1，如图 3-14 所示，单击"数据"选项卡下"获取外部数据"组中的"自网站"按钮，弹出"新建 Web 查询"对话框。

图 3-14　获取外部数据

步骤 3：在"地址"文本框中粘贴复制好的"第五次全国人口普查公报.htm"的地址。单击右侧的"转到"按钮。

步骤 4：单击要选择的表旁边的带方框的黑色箭头，使黑色箭头变成对号，然后单击"导入"按钮，如图 3-15 所示。之后会弹出"导入数据"对话框，选择"数据的放置位置"为"现有工作表"，文本框中将显示"＝＄A＄1"，单击"确定"按钮，如图 3-16 所示。

图 3-15　选择导入数据

步骤 5：按照上述方法浏览网页"第六次全国人口普查公报.htm"，将其中的"2010 年第六次全国人口普查主要数据"表格导入工作表"第六次普查数据"中。

（3）步骤 1：在工作表"第五次普查数据"中选中数据区域，在"开始"选项卡的"样式"组中单击"套用表格格式"按钮，弹出下拉列表，按照题目要求至少四周有边框且偶数行有底纹，此处我们可选择"表样式浅色 16"，如图 3-17 所示。

步骤 2：选中 B 列，单击"开始"选项卡下"数字"组中的"数字"按钮，弹出"设置单元格格式"对话框，在"数字"选项卡的"分类"下选择"数值"，在"小数位数"微调框中输入"0"，选中"使用千位分隔符"复选框，然后单击"确定"按钮。

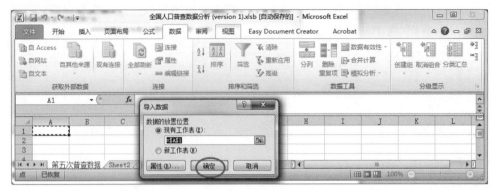

图 3-16 导入数据

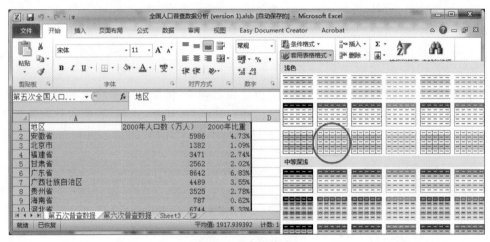

图 3-17 套用格式

步骤 3：按照上述方法对工作表"第六次普查数据"套用合适的表格样式，要求至少四周有边框且偶数行有底纹，此处我们可套用"表样式浅色 17"，并将所有人口数列（B 列）的数字格式设为带千分位分隔符的整数。

(4) 步骤 1：双击工作表 sheet3 的表名，在编辑状态下输入"比较数据"。

步骤 2：在该工作表的 A1 中输入"地区"。

步骤 3：输入后重新选中 A1 单元格，在"数据"选项卡的"数据工具"组中单击"合并计算"按钮，弹出"合并计算"对话框，设置"函数"为"求和"，在"引用位置"文本框中键入第一个区域"第五次普查数据！＄A＄1：＄C＄34"，单击"添加"按钮，在第二个区域键入"第六次普查数据！＄A＄1：＄C＄34"，单击"添加"按钮，在"标签位置"下勾选"首行"复选框和"最左列"复选框，然后单击"确定"按钮，如图 3-18 所示。

步骤 4：对合并后的工作表适当地调整行高列宽、字体字号、边框底纹等。此处，我们在"开始"选项卡下"单元格"组中单击"格式"按钮，从弹出的下拉列表中选择"自动调整行高"，单击"格式"按钮，从弹出的下拉列表中选择"自动调整列宽"。

步骤 5：在"开始"选项卡下"字体"组中单击"字体"按钮，弹出"设置单元格格式"对话框，设置"字体"为"黑体"，字号为"11"，单击"确定"按钮。

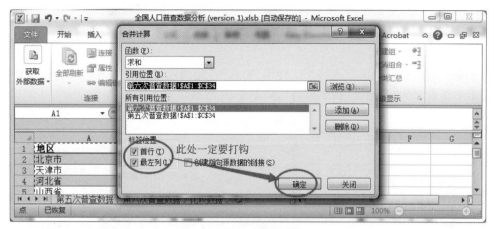

图 3-18 合并计算

步骤 6：选中数据区域，在"开始"选项卡下"字体"组中单击"边框"按钮，选择"所有框线"。

步骤 7：选中数据区域，在"开始"选项卡的"样式"组中单击"套用表格格式"按钮，弹出下拉列表，此处我们可选择"表样式浅色 18"。

步骤 8：选中数据区域的任一单元格，单击"数据"选项卡下"排序和筛选"组中的"排序"按钮，如图 3-19 所示，弹出"排序"对话框，设置"主关键字"为"地区"，"次序"为"升序"，单击"确定"按钮。

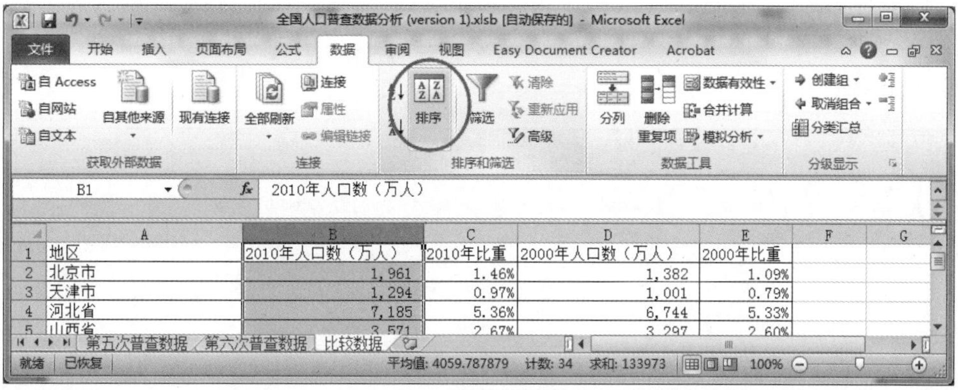

图 3-19 排序

（5）步骤 1：在合并后的工作表"比较数据"中的数据区域最右边依次增加"人口增长数"和"比重变化"两列。

步骤 2：在工作表"比较数据"中的 F2 单元格中输入"＝B2－D2"后按 Enter 键，同时自动填充 F3 至 F34 单元格。在 G2 单元格中输入"＝C2－E2"后按 Enter 键，同时自动填充 G3 至 G34 单元格。

步骤 3：选中 F1 到 G34 单元格，将边框设置为"所有框线"。

步骤 4：为 G 列设置合适的格式，例如保留四位小数，选中 G 列，单击"开始"选项卡下"数字"组中的"数字"按钮，弹出"设置单元格格式"对话框，在"数字"选项卡的"分类"下选择"百分比",在"小数位数"微调框中输入"4",然后单击"确定"按钮。

(6)步骤1:打开考生文件夹下的工作簿"统计指标.xlsx",在"统计数据"处右击,选择"移动或复制"命令。

步骤2:在"将选定工作表移至工作簿"中选择"全国人口普查数据分析.xlsx",在"下列选定工作表之前"下选择"移至最后",如图3-20所示。

图3-20 移动工作表

(7)步骤1:在"统计数据"工作表C3单元格中选择"公式"中的"自动求和"公式,并选择"第五次普查数据"中的B2至B34单元格,按Enter键,计算结果为2000年的人口总数。

步骤2:在"统计数据"工作表D3单元格中选择"公式"中的"自动求和"公式,并选择"第六次普查数据"中的B2至B34单元格,按Enter键,计算结果为2010年的人口总数,如图3-21所示。

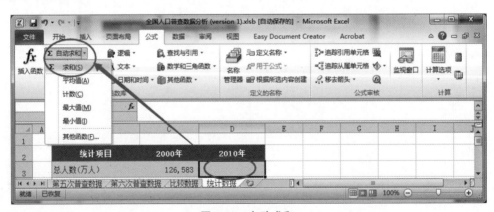

图3-21 自动求和

步骤3:在"统计数据"工作表D4单元格中输入"=D3-C3",按Enter键,计算结果为总增长人数。

步骤4:根据"统计数据"工作表中的数据,直接找出人口最多、最少地区,人口增长最多、最少地区,人口负增长地区的数目,填写到"统计数据"对应单元格中,如图3-22所示。

(8)步骤1:在"比较数据"工作表中选中A1:G34区域,单击"插入"选项卡下"表格"

统计项目	2000年	2010年
总人数(万人)	126,583	133,973
总增长数(万人)	—	7,390
人口最多的地区	河南省	广东省
人口最少的地区	西藏自治区	西藏自治区
人口增长最多的地区	—	广东省
人口增长最少的地区	—	湖北省
人口为负增长的地区数	—	6

图 3-22 统计数据

组中的"数据透视表",从弹出的下拉列表中选择"数据透视表",弹出"创建数据透视表"对话框在"选择放置数据透视表的位置"栏中单击选中"新工作表",单击"确定"按钮,如图 3-23 所示。

图 3-23 创建数据透视表

步骤 2:在"数据透视字段列表"任务窗格中拖动"地区"到行标签,依次在"2010 年人口数(万人)""2010 年比重""人口增长数"前面打钩选取数据,自动设置为"列标签"。数值列中会自动计算"2010 年人口数(万人)""2010 年比重""人口增长数"的和,如图 3-24 所示。

图 3-24 数据透视表

步骤3：单击行标签右侧的"标签筛选"按钮，在弹出的下拉列表中选择"值筛选"，打开级联菜单，选择"大于"，弹出"值筛选(地区)"对话框，在第一个文本框中选择"求和项：2010年人口数(万人)"，第二个文本框选择"大于"，在第三个文本框中输入"5000"，单击"确定"按钮。

步骤4：选中B4单元格，单击"数据透视表工具"→"选项"选项卡下"排序和筛选"组中的"降序"按钮即可按人口数从多到少排序。

步骤5：适当调整B列，使其格式为整数且使用千位分隔符。适当调整C列，使其格式为百分比且保留两位小数，如图3-25所示。

行标签	求和项:2010年人口数（万人）	求和项:2010年比重	求和项:人口增长数
河南省	9,256	7.31%	146
山东省	9,079	7.17%	500
广东省	8,642	6.83%	1788
四川省	8,329	6.58%	-287
江苏省	7,438	5.88%	428
河北省	6,744	5.33%	441
湖南省	6,440	5.09%	128
湖北省	6,028	4.76%	-304
安徽省	5,986	4.73%	-36
总计	67942	0.5368	2804

图3-25 排序和筛选结果

步骤6：重命名为"透视分析"，保存文档。

第 4 章　演示文稿软件 PowerPoint 2016 实验

4.1 【实验 1】 创建演示文稿

4.1.1 实验目的

(1) 理解 PowerPoint 的功能,熟练掌握使用 PowerPoint 制作演示文稿的基本操作。
(2) 理解主题、颜色、背景、母版的作用,熟练使用其美化幻灯片。
(3) 熟练掌握在幻灯片中插入图片、声音、艺术字、图表、组织结构图等其他对象的方法。

4.1.2 实验内容

创建一个介绍山东风景名胜的演示文稿,包括 5 张幻灯片,需要准备山东名胜的图片若干。整体效果如图 4-1 所示。

【练习 4-1】 演示文稿的创建和保存。

(1) 创建一个空白的演示文稿,第 1 张幻灯片采用"标题幻灯片"版式;单击"单击此处添加标题"占位符输入文本"山东风景名胜";单击"单击此处添加副标题"占位符输入文本"感受齐鲁大地的文化之旅"。

(2) 在"开始"选择卡的"幻灯片"组中,单击"新建幻灯片"按钮,或者按快捷键 Ctrl+M,则会在演示文档的末尾插入默认版式的幻灯片,版式默认为"标题和内容"。在标题占位符中输入"齐鲁名胜",在内容占位符中输入以下四行内容"东岳泰山;济南趵突泉;临沂蒙山;青岛风景"。

(3) 新建第三张幻灯片,在"开始"选择卡的"幻灯片"组中,单击"版式",将版式改为"两栏内容"。在标题占位符中输入"齐鲁名胜",在左边内容占位符中输入以下两段内容:"世界文化遗产和世界自然遗产,世界地质公园,中国 AAAAA 级旅游景区""主峰玉皇顶海拔 1545 米,气势雄伟磅礴,有'五岳之首''天下第一山'之称"。

(4) 新建第 4 张幻灯片,采用"两栏内容"版式,在标题占位符中输入"济南趵突泉",在左边内容占位符中输入"趵突泉位居济南'七十二名泉'之首。被誉为'天下第一泉',中国 AAAAA 级旅游景区。"

(5) 新建第 5 张幻灯片,采用"标题和内容"版式,在标题占位符中输入"济南趵突泉",在内容占位符中输入"蒙山,古称东蒙、东山,为泰沂山脉系的一个分支。主峰海拔 1155 米,为山东省第二高峰。俗称'亚岱',是沂蒙山旅游区核心景区。"

图 4-1 "山东风景名胜"演示文稿

（6）新建第 6 张幻灯片，采用"标题和内容"版式，在标题占位符中输入"青岛风景"，在内容占位符中输入"青岛是国家历史文化名城、重点历史风貌保护城市、首批中国优秀旅游城市。国家级风景名胜区有崂山风景名胜区、青岛海滨风景区等。"

（7）单击"快速访问工具栏"的"保存"按钮，或者单击"文件"菜单中的"保存"命令，打开"另存为"对话框，文件名设为"山东风景名胜"，单击"保存"按钮。

【练习 4-2】 应用主题和母版美化幻灯片。

（1）打开"山东风景名胜"演示文稿，选择"设计"选项卡中"主题"右下方的按钮，在主题列表框中选择"流畅"。

（2）单击"设计"选项卡中的"主题"组里的"颜色"，在"颜色"列表框中选择"奥斯汀"。

（3）单击"视图"选项卡中"母版视图"里的"幻灯片母版"按钮，打开"幻灯片母版视图"。在"幻灯片母版"中单击"单击此处编辑母版标题样式"，单击"开始"，将字体改为"隶书"。同样单击"单击此处编辑母版文本样式",将字体改为"隶书"。单击"幻灯片母版"回到"幻灯片母版视图",单击"关闭母版视图"按钮,关闭母版视图。

(4) 单击"插入"选项卡中的"页眉和页脚"按钮,打开"页眉和页脚"对话框,选中"日期和时间""自动更新""幻灯片编号""页脚""标题幻灯片不显示",在"页脚"编辑栏输入"山东欢迎您",单击"全部应用"按钮。

【练习 4-3】 插入图片、艺术字、音乐等对象。

(1) 选择第 3 张幻灯片,单击右边内容占位符中间的快速按钮区中的"插入来自文件的图片"按钮(或者单击"插入"选项卡中的"图像"组内的"图片"按钮),打开"插入图片"对话框,找到计算机上对应的"泰山.jpg",单击"插入"按钮。

(2) 以同样的方式插入第 4~6 张幻灯片所需要的图片,第 4 张幻灯片需要的图片是"济南趵突泉.jpg",第 5 张幻灯片需要的图片是"临沂蒙山.jpg",第 6 张幻灯片需要的图片是"青岛崂山.jpg"和"青岛海滨.jpg",并适当调整位置。

(3) 选择第 3 张幻灯片,单击"插入"选项卡中"文本"组中的"艺术字"按钮,在"艺术字"选项图中选择第 1 项"填充-浅绿,文本 2,轮廓-背景 2",在"艺术字"占位符中输入"五岳独尊",将占位符移到内容占位符文本的下方。

(4) 选中该"艺术字"占位符,在"绘图工具"→"格式"里的"绘图"组中,单击"形状效果",选择"三维旋转"→"平行"中的"离轴 1 右"。

(5) 选定第 1 张幻灯片,单击"插入"选项卡中"媒体"组中的"音频",打开"插入音频"对话框,选择"风景.mp3",单击"插入"按钮。并将出现的喇叭图标调至幻灯片的右下方。

(6) 选中喇叭图标,在"音频工具"→"播放"选项卡中的"音频选项"组中,在"开始"下拉列表项中选择"跨幻灯片播放",选中"放映时隐藏""循环播放,直到停止"。

(7) 保存演示文稿,最后在浏览视图中查看操作结果。

(8) 单击"幻灯片放映"中的"从头开始",或者按 F5 键,可以查看演示文稿的放映效果。

4.2 【实验 2】 设置 PowerPoint 幻灯片的动态效果和放映方式

4.2.1 实验目的

(1) 熟练掌握 PowerPoint 中设置幻灯片的动态效果的方法。
(2) 熟练掌握 PowerPoint 中设置超链接和动作按钮的方法。
(3) 掌握使用 PowerPoint 设置多种放映方式的方法。

4.2.2 实验内容

【练习 4-4】 设置幻灯片的切换。

(1) 打开"山东风景名胜"演示文稿,将第一张幻灯片设置为当前幻灯片,打开"切换"选项卡,在"切换到此幻灯片"组中选择"分割"。

(2) 以同样的方式,依次选择第二~六五张幻灯片的切换方式为"推进""揭开""百叶窗""立方体""传送带"。

【练习 4-5】 设置幻灯片上对象的动画效果。

(1) 打开"山东风景名胜"演示文稿,将第一张幻灯片设置为当前幻灯片,单击"动画"选项卡,查看"动画"组中的可选动画。

(2) 选定标题"山东风景名胜",单击"高级动画"组的"添加动画",在"进入"里面选择"翻转式由远及近",在"计时"组中将"持续时间"改为 2 秒。

(3) 仍然选定标题"山东风景名胜",单击"高级动画"组的"添加动画",在"强调"里面选择"加深"。

(4) 选择副标题"感受齐鲁大地的文化之旅",单击"高级动画"组中的"添加动画",单击下方的"更多进入效果",选择"华丽"里面的"挥鞭式"。

(5) 依次为其他幻灯片上的各个对象添加自己喜欢的动画效果。

(6) 选择第三张幻灯片,选定艺术字"五岳至尊",添加"强调"里面的"放大/缩小","尺寸"为"200％"(需自定义)。

【练习 4-6】 设置超链接和按钮。

(1) 将第二张幻灯片设置为当前幻灯片,选中文字"东岳泰山",单击"插入"选项卡的"超链接"按钮,打开"编辑超链接"对话框,单击"本文档中的位置",在"请选择文档中的位置"列表中选择第三张幻灯片"东岳泰山",并单击"屏幕提示",输入提示信息"五岳之首——泰山",并单击"确定"按钮,关闭对话框,如图 4-2 所示

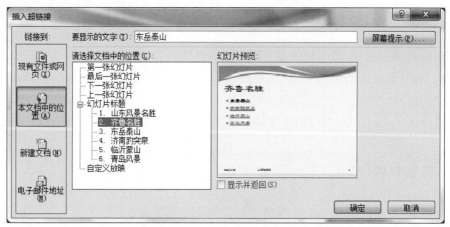

图 4-2 "插入超链接"对话框

(2) 选中文字"济南趵突泉",单击"插入"选项卡的"动作"按钮,打开"动作设置"对话框,在"单击鼠标"选项卡中选中"超链接到"→"幻灯片",选择"济南趵突泉",单击"确定"按钮关闭对话框,如图 4-3 所示。

(3) 选定第三张幻灯片,在"插入"选项卡的"插图"组中,单击"形状"按钮,在展开的列表中单击"一个动作"按钮。

(4) 在幻灯片右下角,按住鼠标左键拖曳画出所选的动作按钮,释放鼠标,这时"动作

图 4-3 "动作设置"对话框

设置"对话框自动打开,在"超链接到"列表框会显示默认的对应动作,更改成我们需要的动作,操作方法同上,将超链接定义到"齐鲁名胜"幻灯片。

(5) 将该动作按钮复制到第四～六张幻灯片。

【练习 4-7】 对演示文稿进行排列计时。

(1) 打开演示文稿,在"幻灯片放映"选项卡的"设置"组中,单击"排练计时"按钮,演示文稿自动从第一张幻灯片开始放映,同时在屏幕左上角显示系统录制排练时间的信息,如图 4-4 所示。

(2) 此时,可以进行模拟演讲或估算演讲时间,完成后,单击"下一项"按钮,或者使用其他控制切换到下一张,此时 PowerPoint 就自动将第一张幻灯片的放映时间记录下来,并开始记录第二张幻灯片的放映时间。

(3) 重复步骤(2),直到放映结束。在这期间可以单击"暂停"按钮,暂时停止排练计时;也可以单击"重复"按钮,重新排练当前幻灯片。如果当前幻灯片之后的幻灯片的换片时间不需要改变,那么可以按 Esc 键结束放映,这样就会只记录前半部分的幻灯片排练时间。

(4) 放映结束时会弹出一个对话框,如图 4-5 所示,单击"是"按钮,PowerPoint 将录制的各张幻灯片的排练时间设置为自动换片的时间;单击"否"按钮,则不保留刚才录制的排练时间。

图 4-4 排练计时信息及控制

图 4-5 保留排练时间的对话框

【练习 4-8】 为演示文稿创建一个自定义放映。

现在准备创建一个只介绍山东名山的"自定义放映",步骤如下:

(1)打开演示文稿,在"幻灯片放映"选项卡的"开始放映幻灯片"组中,单击"自定义幻灯片放映"按钮,在展开的列表中单击"自定义放映…"命令,打开"自定义放映"对话框,因为目前没有定义任何自定义放映,所以"自定义放映"框内是空的。

(2)单击"新建"按钮,打开"定义自定义放映"对话框。

(3)在"幻灯片放映名称"框中为演示文稿的第一个自定义放映定义一个名字,输入"山东名山"。

(4)从"在演示文稿中的幻灯片"列表框中选择需要添加的幻灯片,然后单击"添加"按钮,可以将选中的幻灯片添加到"在自定义放映中的幻灯片"列表框中,选择幻灯片时,可以按下 Shift 键或者 Ctrl 键配合选择幻灯片,再单击"添加"按钮,如图 4-6 所示。

图 4-6 定义自定义放映

(5)幻灯片在"在自定义放映中的幻灯片"列表框中的顺序决定了它的放映顺序,可以通过单击"上移"或"下移"按钮进行调整。

(6)完成后单击"确定"按钮,返回"定义自定义放映"对话框,可以看到该自定义放映已经出现在列表框中了。

【练习 4-9】 设置演示文稿的放映方式。

(1)在"幻灯片放映"选项卡的"设置"组中,单击"设置幻灯片放映"按钮,打开"设置放映方式"对话框,如图 4-7 所示。

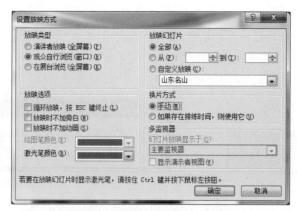

图 4-7 "设置放映方式"对话框

(2) 将"放映类型"设置为"观众自行浏览(窗口)",将换片方式设置成"手动",这样尽管设置了幻灯片的切换时间,还是需要演讲者自行控制幻灯片的切换。

(3) 查看幻灯片放映效果。

4.3 【实验3】 MS Office 2016 全国计算机二级考试 PowerPoint 2016 真题

4.3.1 实验目的

掌握 PowerPoint 2016 的综合应用。

4.3.2 实验内容

【练习4-10】 某公司人力资源部职员小张需要制作一份供新员工培训时使用的 PowerPoint 演示文稿。按照下列要求,并参考"完成效果.docx"文件中样例的效果,完成演示文稿的制作。

(1) 在素材所在文件夹下,将"PPT_素材.pptx"文件另存为"PPT.pptx"。

(2) 为演示文稿应用文件夹下的主题"员工培训主题.thmx",然后再应用"暗香扑面"的主题字体。

(3) 在幻灯片 2 中插入文件夹下的图片"欢迎图片.jpg",并应用"棱台形椭圆,黑色"的图片样式,参考"完成效果.docx"文件中样例效果将图片和文本置于合适的位置。

(4) 将幻灯片 3 中的项目符号列表转换为 SmartArt 图形,布局为"降序基本块列表",为每个形状添加超链接,链接到相应的幻灯片 4~9、11。

(5) 在幻灯片 5 中,参考样例效果,将项目符号列表转换为 SmartArt 图形,布局为"组织结构图",将文本"监事会"和"总经理"的级别调整为"助理";在采购部下方添加"北区"和"南区"两个形状,分支布局为"标准";为 SmartArt 图形添加"淡出"的进入动画效果,效果选项为"一次级别"。

(6) 在幻灯片 9 中,使用考生文件夹下的"学习曲线.xlsx"文档中的数据,参考样例效果创建图表,不显示图表标题和图例,垂直轴的主要刻度单位为 1,不显示垂直轴;在图表数据系列的右上方插入五角星形状,并应用"强烈效果-橙色,强调颜色 3"的形状样式(注意:正五角星形状为图表的一部分,无法拖曳到图表区以外)。

(7) 在幻灯片 9 中,为图表添加"擦除"的进入动画效果,方向为"自左侧",序列为"按系列",并删除图表背景部分的动画。

(8) 在幻灯片 10 中,参考样例效果,适当调整各形状的位置与大小,将"了解""开始熟悉""达到精通"三个文本框的形状更改为"对角圆角矩形",但不要改变这些形状原先的样式与效果;为三个对角圆角矩形添加"淡出"的进入动画效果,持续时间都为 0.5s,"了解"形状首先自动出现,"开始熟悉"和"达到精通"两个形状在前一个形状动画完成之后,依次自动出现。为弧形箭头形状添加"擦除"的进入动画效果,方向为"自底部",持续时间为 1.5 秒,要求与"了解"形状的动画同时开始,与"达到精通"形状的动画同时结束。

(9) 将幻灯片 11 的版式修改为"图片与标题",在右侧的图片占位符中插入图片"员工照片.jpg",并应用一种恰当的图片样式;为幻灯片左侧下方的文本占位符和右侧的图片添加"淡出"的进入动画效果,要求两部分动画同时出现并同时结束。

(10) 在幻灯片 13 中,将文本设置为在文本框内水平和垂直都居中对齐,将文本框设置为在幻灯片中水平和垂直都居中;为文本添加一种适当的艺术效果,设置"陀螺旋"的强调动画效果,并重复到下一次单击为止。

(11) 为演示文稿添加幻灯片编号,且标题幻灯片中不显示;为除了首张幻灯片之外的其他幻灯片设置一种恰当的切换效果。

(12) 插入图片"公司 logo.jpg"于所有图片的右下角,并适当调整其大小。

第 5 章 多媒体技术实验

【实验】 图片管理软件 ACDSee

实验目的

(1) 熟悉 ACDSee 的工作界面及基本功能。
(2) 熟悉使用 ACDSee 进行图片管理的基本方法。
(3) 利用 ACDSee 导入一组图片进行浏览,并对图片进行编辑,包括颜色处理、添加文本、裁剪 3 种编辑操作。

实验内容

【练习 5-1】 打开并浏览图片。

(1) 启动 ACDSee,使用主窗口中的"文件"菜单中的"打开"命令,打开"打开文件"对话框,在对话框中选择实验素材中要打开的文件,单击对话框中的"打开"按钮即可浏览。

(2) 浏览图片。用户按键盘上的"+"和"-"可以放大和缩小图片,按 PgUp 和 PgDn 键可以浏览上一张和下一张图片,按 Esc 和 Enter 键或单击工具栏中的"浏览器"按钮,就会返回主窗口。

【练习 5-2】 编辑图片。

(1) 编辑图片颜色。选定图片"沙漠.jpg",单击工具栏中的"图像编辑"按钮,进入图片的编辑状态,在编辑面板中选择"颜色"工具,调整色调、饱和度、亮度后单击"应用"按钮将编辑方案应用于图片中。

(2) 在图片中添加文本。在编辑窗口中打开"沙漠.jpg",选择"添加"→"文本",在文本编辑窗口中输入并编辑文本。单击"应用"按钮将文本应用于图片中。

(3) 裁剪图片。在编辑窗口中打开"沙漠.jpg",选择"几何形状"→"裁剪"命令,在图片中选择要保留的区域,单击"应用"按钮保存保留的图片。

【练习 5-3】 创建 Windows 屏幕保护程序。

(1) 选择"创建"→"幻灯放映文件",打开"创建幻灯放映向导"对话框,选择"创建新的幻灯放映"→"Windows 屏幕保护程序(.scr 文件格式)"后单击"下一步"按钮。

(2) 单击"添加"按钮,选择制作屏幕保护程序的一张或多张图片添加后,单击"确定"按钮,设置文件特有选项中,可以设置每个在幻灯片中的图像的转场效果、标题或音频剪辑。

(3) 单击"下一步"按钮设置幻灯放映选项,如背景颜色、背景音频等。

(4) 单击"下一步"按钮设置文件选项,如文件名与位置等。

中篇　学习指导与习题

第6章 计算机基础知识学习指导与习题

6.1 学习提要

6.1.1 学习目标与要求

（1）了解计算机的发展历史、现代计算机的分类及其主要应用领域。
（2）熟悉计算机基本硬件组成及简单工作原理。
（3）熟悉计算机软件组成，区分程序的编译和解释执行过程。
（4）熟悉计算机中几种常用进位记数制的特点；掌握常用记数制之间的转换；了解原码、反码和补码的概念，掌握利用补码进行加减法运算的方法；熟悉 ASCII 码和汉字编码；了解计算机中表示图像的两种方法的优劣。
（5）了解微型计算机的硬件结构，熟悉微型计算机系统主板的组成结构；熟悉微型计算机上常见的接口类型及其特点；熟悉微型计算机的常用外部设备。
（6）掌握计算机常用术语，理解信息科学技术长期发展趋势。

6.1.2 主要知识点

1. 计算机概述

（1）计算机发展历史。
计算机的发展史可以分为以机械齿轮或继电器技术的计算机发展史和以采用先进的电子技术代替机械齿轮或继电器技术的现代计算机发展史。数字电子计算机的诞生及未来的发展趋势。按电子元器件计算机系统的分代。
（2）计算机的分类、特点与应用领域。

2. 计算机系统的组成

（1）计算机系统的硬件系统组成及其工作原理。
（2）计算机系统的软件系统组成及其功能。
（3）程序的汇编、编译和解释执行过程。

3. 计算机信息处理基础

（1）进位记数制及不同数制之间的转换。
（2）计算机中数的表示。
（3）信息的几种编码。

4. 微型计算机的硬件组成

（1）微型计算机的主机。

系统主板、CPU、内存储器。

（2）微型计算机的外部设备。

输入设备、输出设备、输入输出接口——键盘、鼠标接口、串行接口、并行接口、USB接口、网络接口。

（3）微型计算机的外存储器。

软磁盘、硬磁盘、光盘、移动存储器——移动硬盘、U 盘。

5. 计算机常用术语

位、字节、存储单位、内存地址、字与字长、运算速度、主频、容量、传输速率、存取周期。

6. 信息科学技术的长期发展趋势

计算思维、人、机器组成的三元社会模式、云计算、网络大数据。

6.2　习题

6.2.1　简答题

1. 计算机的分类及其应用。
2. 画出计算机的工作原理图并加以说明。
3. 软件的概念及其分类。
4. 计算机性能指标中字长的含义。
5. 二进制数及其特点。
6. 汉字信息处理过程中汉字编码之间的转换。
7. 计算机中表示图像的位图方法和矢量方法的优劣。
8. 计算思维概念及其应用举例。
9. 信息领域需重点突破的 3 个方向。
10. 影响云计算发展的原因。
11. 网络大数据的特点。

6.2.2　选择题

1. CPU 的主要功能是进行（　　）。
   A. 算术运算　　　　　　　　　　B. 逻辑运算
   C. 算术逻辑运算　　　　　　　　D. 算术逻辑运算与全机的控制

2. CPU 能直接访问的存储部件是(　　)。
　　A. 软盘　　　　　B. 硬盘　　　　　C. 内存　　　　　D. 光盘
3. 如果一个存储单元存放 1B,那么一个 64KB 的存储单元共有(　　)个存储单元,用十六进制的地址码则编号为 0000～(　　)。
　　A. 64000　　　　B. 65536　　　　 C. 10000H　　　 D. 0FFFFH
4. 计算机中访问速度最快的存储器是(　　)。
　　A. RAM　　　　 B. cache　　　　 C. 光盘　　　　　D. 硬盘
5. 通常所说的 CPU 芯片包括(　　)。
　　A. 控制器、运算器和寄存器组　　　B. 控制器、运算器和内存储器
　　C. 内存储器和运算器　　　　　　　D. 控制器和内存储器
6. 在内存中,每个基本单位都被赋予一个唯一的序号,这个序号称为(　　)。
　　A. 字节　　　　　B. 编号　　　　　C. 地址　　　　　D. 容量
7. 在微型计算机的性能指标中,用户可用的内存储器容量是指(　　)。
　　A. ROM 的容量　　　　　　　　　B. RAM 的容量
　　C. ROM 和 RAM 的容量总和　　　 D. CD-ROM 的容量
8. DRAM 存储器的中文含义是(　　)。
　　A. 静态随机存储器　　　　　　　　B. 静态只读存储器
　　C. 动态随机存储器　　　　　　　　D. 动态只读存储器
9. 在不同的计算机中,字节的长度是固定不变的。设计算机的字长是 4B,那么意味着(　　)。
　　A. 该计算机最长可使用 4B 的字符串
　　B. 该计算机在 CPU 中一次可以处理 32b
　　C. CPU 可以处理的最大数是 24
　　D. 该机以 4B 为 1 个单位将信息存放在软盘上
10. 存储的内容在被读出后并不被破坏,这是(　　)的特性。
　　A. 随机存储器　　B. 内存　　　　　C. 磁盘　　　　　D. 存储器共同
11. 能将源程序转换成目标程序的是(　　)。
　　A. 调式程序　　　B. 解释程序　　　C. 编译程序　　　D. 编辑程序
12. 系统软件中最重要的是(　　)。
　　A. 操作系统　　　　　　　　　　　B. 语言处理程序
　　C. 工具软件　　　　　　　　　　　D. 数据库管理系统
13. 把十进制数 1024 转换成二进制数是(　　)。
　　A. 1000100000　　B. 10000000000　　C. 1000000000　　D. 100000000000
14. CAI 是指(　　)。
　　A. 系统软件　　　　　　　　　　　B. 计算机辅助教学软件
　　C. 计算机辅助管理软件　　　　　　D. 计算机辅助设计软件
15. 把二进制数 10101.10101 转换成八进制数是(　　)。
　　A. 25.25　　　　　B. 25.52　　　　 C. 25.42　　　　 D. 52.52

16. 把十进制数 3.625 转换成二进制数是（　　）。
    A. 10.10　　　　　B. 11.101　　　　　C. 11.10　　　　　D. 101.101
17. 显示卡的分辨率为 800×600 像素的情况下，颜色数量是 16 种，则显示缓冲区为（　　）。
    A. 16KB　　　　　B. 32KB　　　　　C. 64KB　　　　　D. 256KB
18. 分辨率为 1280×1024 像素，256 种颜色的 17 英寸（1 英寸＝2.54 厘米）显示器的显存容量至少应为（　　）。
    A. 1MB　　　　　B. 2MB　　　　　C. 4MB　　　　　D. 8MB
19. 对使用高级语言编写的程序进行转换的程序称为（　　）。
    A. 源程序　　　　B. 编辑程序　　　C. 编译程序　　　D. 连接程序
20. 将高级语言编写的程序翻译成机器语言，可以采用两种翻译方式，它们是（　　）。
    A. 编译和汇编　　B. 解释和汇编　　C. 解释和编译　　D. 编译和连接
21. 计算机最早的应用领域是（　　）。
    A. 数据处理　　　B. 实时控制　　　C. 人工智能　　　D. 科学计算
22. 已知计算机字长为 8b，机器数真值 $X=-1011011$，则该数的原码、反码和补码分别是（　　）。
    A. 11011011,10100100,10100101　　　B. 011011011,00100100,00100101
    C. 10100100,11011011,11011100　　　D. 01011011,01011011,01011011
23. 计算机辅助制造的英文缩写是（　　）。
    A. CAD　　　　　B. CAM　　　　　C. CAE　　　　　D. CBC
24. 一个完整的计算机系统应包括（　　）。
    A. 计算机及外部设备　　　　　　　B. 主机箱、键盘、显示器和打印机
    C. 硬件系统和软件系统　　　　　　D. 系统软件和系统硬件
25. 汉字国标码（GB 2312—1980）规定的汉字编码，每个汉字符使用（　　）表示。
    A. 1B　　　　　B. 2B　　　　　C. 3B　　　　　D. 4B
26. 运算器的主要功能是（　　）。
    A. 控制计算机的运行　　　　　　　B. 进行算术运算和逻辑运算
    C. 分析指令并执行　　　　　　　　D. 负责存取存储器中的数据
27. 微型计算机的 CPU 每执行一个（　　），即完成一步基本操作。
    A. 语句　　　　　B. 程序　　　　　C. 指令　　　　　D. 软件
28. 计算机能按照人们的意图自动、高速地进行操作，是因为采用了（　　）。
    A. 机器语言　　　　　　　　　　　B. 高级语言
    C. 高性能的 CPU　　　　　　　　　D. 程序存储在内存中
29. 计算机应用最广泛的领域是（　　）。
    A. 数据处理　　　B. 实时控制　　　C. 电子商务　　　D. 科学计算
30. 一个 32×32 点阵的汉字字形码至少需要用（　　）字节保存。
    A. 64　　　　　B. 32　　　　　C. 256　　　　　D. 128
31. 冯·诺依曼体系结构的计算机系统要求将（　　）同时存放在内存中。

A. 数据和运算符　　　　　　　　B. 若干条指令码
C. 若干程序　　　　　　　　　　D. 数据和程序

32. 一个32位的计算机指的是其所用的CPU（　　）。
   A. 具有长度为32位的运算器　　B. 只能处理32位的定点数
   C. 一次能够处理32位的二进制数　D. CPU中包含32个寄存器

33. 计算机能够直接执行的程序是（　　）。
   A. 机器语言程序　　　　　　　B. C语言源程序
   C. BASIC语言源程序　　　　　D. 汇编语言源程序

34. "裸机"是指（　　）。
   A. 巨型计算机　　　　　　　　B. 单片机
   C. 只安装了操作系统的计算机　D. 未安装任何软件的计算机

35. 组成微型计算机系统硬件的5个部分是（　　）。
   A. 存储器、CPU、主机箱、键盘、显示器
   B. CPU、内存储器、硬盘、键盘、显示器
   C. 运算器、控制器、内存储器、输入设备、输出设备
   D. 控制器、主机、运算器、输入设备、输出设备

36. RAM的中文含义是（　　）。
   A. 高速存储器　　B. 随机存储器　　C. 只读存储器　　D. 缓冲存储器

37. 计算机系统断电会使所存储的信息丢失的存储器是（　　）。
   A. 半导体RAM　　　　　　　　B. 硬磁盘
   C. 半导体ROM　　　　　　　　D. 光盘

38. 磁盘连同驱动器是一种（　　）。
   A. 内存储器　　B. 外存储器　　C. 只读存储器　　D. 半导体存储器

39. 在内存储器中，每个基本单位都被赋予一个唯一的序号，这个序号称为（　　）。
   A. 字节　　　　B. 编号　　　　C. 地址　　　　D. 容量

40. 下列存储器中，访问速度最快的是（　　）。
   A. 光盘存储器　　　　　　　　B. 半导体RAM
   C. 硬磁盘存储器　　　　　　　D. 软磁盘存储器

6.2.3 判断题

1. 计算机软件是指程序、数据和文档的集合。（　　）
2. 某计算机系统的字长为16位，指的是它具有计算16位十进制数的能力。（　　）
3. 计算机能够按照人们的意图自动、高速地进行操作，是因为程序存储在内存中。
　（　　）
4. 微型计算机断电后，机器内部的计时系统将停止工作。（　　）
5. 在微型计算机中，数据总线既可以传输数据信息，也可以传输地址信息。（　　）
6. 在微型计算机中，控制总线的信息总体上来说可以双向传输。（　　）

7. 外存储器既是输入设备，也是输出设备。 （ ）
8. 磁盘读写数据的方式是顺序的。 （ ）
9. 磁盘的存储容量取决于其直径的大小。 （ ）
10. 因为都是外存储器，所以磁盘和光盘的信息存储原理是一样的。 （ ）
11. 存储容量的基本单位是字。 （ ）
12. 信息在外存储器上是以文件的形式存储的。 （ ）
13. 硬磁盘上存储文件的基本单位是字节。 （ ）
14. 网卡和调制解调器只能输出信息。 （ ）
15. CD-ROM 只能作为输入设备使用。 （ ）
16. 计算机应用最广泛的领域是科学计算。 （ ）
17. 在计算机中采用二进制是因为其最符合人们的使用习惯。 （ ）
18. 十六进制数由 0、1、2……13、14、15 这 16 个数码组成。 （ ）
19. 在计算机技术中经常使用十六进制数是因为其运算规则简单。 （ ）
20. 计算机系统的字长越长，运算精度越高。 （ ）
21. 在 ROM 中保存的数据在系统断电之后即丢失。 （ ）
22. 在 RAM 中保存的数据在系统断电之后即丢失。 （ ）
23. 外存储器中保存的数据不会因系统断电而丢失。 （ ）
24. 高速缓冲存储器(cache)的作用是解决 CPU 与外部设备工作速度的匹配问题。
（ ）
25. 计算机发展趋势中的巨型化是指体积更加庞大的计算机系统。 （ ）
26. 现代信息技术的特点是数字化、多媒体化、网络化和智能化。 （ ）
27. 机器语言是低级语言，而汇编语言则是高级语言。 （ ）
28. 用高级语言编写的源程序必须用汇编程序汇编成目标程序后，计算机才能执行。
（ ）
29. 用高级语言编写的源程序只能用解释程序生成目标程序后，计算机才能执行。
（ ）
30. 编译方式和解释方式的唯一区别在于是否生成目标程序。 （ ）
31. 没有安装任何软件的计算机系统称为"裸机"。 （ ）
32. Shift 键仅对标有双符号的键起作用。 （ ）
33. 大写锁定键 Caps Lock 仅对字母键起作用。 （ ）
34. 对字母键而言，Shift 键的作用与 Caps Lock 键的状态有关。 （ ）
35. Alt 键和 Ctrl 键不能单独使用，只有配合其他键使用才有意义。 （ ）
36. 计算机技术的发展带给人类的是文明与进步，不会产生负面效应。 （ ）

6.2.4 填空题

1. 一个冯·诺依曼体系结构的计算机硬件系统主要由_____、_____、_____、

_____和_____五大部分组成。

2. 计算机的软件系统主要包含_____和_____。

3. 计算机的发展趋势是进一步的_____、_____、_____和_____。

4. 及时地自动采集、检测、分析_____的相关数据,按照最佳值迅速对控制对象的运行状态进行_____、_____,是计算机系统在_____方面的应用。

5. 计算机网络是_____技术与_____技术相结合的产物。

6. 目前计算机分代的根据是制造计算机所使用的_____。

7. 现代计算机科学的奠基人艾伦·图灵在计算机科学方面的主要贡献有两个:一个是建立了_____的理论模型,另一个是提出了定义机器智能的_____。

8. 运算器又称为算术逻辑单元,是计算机中执行各种_____和_____的部件。

9. CPU 由_____和_____组成,与_____构成微型计算机的主机。

10. 内存储器包括只读存储器、随机存储器和高速缓冲存储器,它们的英文简称分别是_____、_____和_____。

11. 为区分_____中的各个存储单元,计算机系统对全部存储单元按顺序统一编号,这些编号称为_____。

12. 微型计算机各部分之间通过_____传递各种信息。根据所传输信息和功能的不同,又可以分为_____、_____和_____。

13. 计算机系统采用二进制的原因是_____、_____、_____和_____。

14. 二进制数除了能够进行_____运算外,还可以进行_____运算。

15. 计算机的一条指令通常由_____和_____两部分组成。

16. 字节的英文名称是_____。1B(字节)等于_____b(位)。32 位二进制数有_____字节。

17. 人与计算机进行联系、传递信息的接口是_____设备。

18. 微型计算机中使用最普遍的字符编码是_____。

19. 用高级语言编写的_____,必须使用_____程序翻译成_____,才能被计算机执行。

20. 在计算机中,用于临时存放数据、指令等各种信息的部件是_____。

21. 表示 10 种状态至少需要_____位二进制数。

22. 微型计算机最常用的两种输入设备是_____和_____。

23. 微型计算机最常用的一种输出设备是_____。

24. 打印机可以分为击打式和非击打式两大类,激光打印机属于_____。

25. 已知大写字母 A 的 ASCII 码值为 65,则 F 的 ASCII 码值为_____,a 的 ASCII 码值为_____。

26. _____记数制使用固定的 R 个数码,R 称为该记数制的_____。R 等于几,即为几进制,_____。

27. 基本的逻辑运算有 3 个,它们是_____、_____和_____。

28. 格式化将磁盘划分为若干同心圆的_____，每个_____又划分为若干_____。磁盘上保存文件的基本单位是_____。

6.2.5 计算题

1. 用补码的方法计算$(39)_{10} - (45)_{10}$。
2. 用补码的方法计算$(119)_{10} - (95)_{10}$。

第 7 章　操作系统技术学习指导与习题

7.1　学习提要

7.1.1　学习目标与要求

（1）理解操作系统的概念和作用，了解操作系统的功能和分类，了解几种经典操作系统。

（2）熟悉 Windows 10 的操作界面。

（3）熟练掌握 Windows 10 操作系统的基本功能，包括文件管理、磁盘管理、设备管理和程序管理。

（4）熟练掌握 Windows 10 操作系统的系统设置。

7.1.2　主要知识点

1. 操作系统基础

（1）操作系统的概念与作用。
（2）操作系统的主要功能：处理机管理、存储管理、设备管理、文件管理和用户接口。
（3）操作系统的分类：3 种分类标准。
（4）典型操作系统简介。

2. Windows 10 的操作界面

（1）Windows 10 的启动与退出
（2）Windows 10 的操作方式：鼠标、快捷键和功能键。
（3）Windows 10 的桌面、任务栏和"开始"菜单的组成及设置。
（4）Windows 10 的窗口。
（5）Windows 10 的菜单。
（6）Windows 10 对话框。

3. Windows 10 的主要功能

（1）文件和文件夹管理：文件的命名与类型，文件系统的目录结构，文件和文件夹的选定、打开、复制、移动、属性查看与设置，回收站，文件的搜索。
（2）磁盘管理：磁盘的格式化、磁盘检查、磁盘清理和磁盘碎片整理。
（3）程序管理：绿色软件与安装版软件、程序的安装与卸载。

(4) 任务管理：使用任务管理器。

(5) 设备管理：设备状态查看，设备驱动程序的配置。

4. Windows 10 系统设置

(1) 设置打印机。

(2) 鼠标与键盘。

(3) 设置声音设备。

(4) 设置显示属性：显示器分辨率、个性化显示设置。

(5) 日期、时间和区域语言设置。

(6) 使用管理工具：系统配置程序与服务。

(7) 备份与还原。

7.2 习题

7.2.1 单项选择题

1. 计算机系统中所有的硬件和软件，在操作系统中一律被作为（　　）来管理。
   A. 程序　　　　　　B. 功能　　　　　　C. 资源　　　　　　D. 进程
2. 下列操作系统中属于单任务操作系统的是（　　）。
   A. UNIX　　　　　　B. Linux　　　　　　C. Windows 7　　　　D. DOS
3. 以下 Windows 10 的 4 版本中，不适于 PC 桌面的版本是（　　）。
   A. Windows 10 Home　　　　　　　　B. Windows 10 IoT Core
   C. Windows 10 Enterprise　　　　　　D. Windows 10 Education
4. 在下列操作系统中，源代码开放的操作系统是（　　）。
   A. COS　　　　　　B. macOS　　　　　C. Windows XP　　　D. Linux
5. 在大多数笔记本计算机上，开机长按功能键（　　）可以选择第一启动设备。
   A. F1　　　　　　　B. F5　　　　　　　C. F8　　　　　　　D. F12
6. 下列不属于存储管理功能的是（　　）。
   A. 内存分配　　　　　　　　　　　　B. 地址映射
   C. 实现虚拟存储器　　　　　　　　　D. 硬盘空间管理
7. 关于 Windows 10 的退出，下列说法中错误的是（　　）。
   A. "锁定用户"的作用是将屏幕切换到登录屏幕
   B. 使用"睡眠"可以在节电的情况下保存工作状态
   C. "注销用户"的同时计算机将关机
   D. "切换用户"可以在不关机的情况下重新登录一个用户
8. Android 操作系统是（　　）公司发布的。
   A. 苹果　　　　　　B. 微软　　　　　　C. 腾讯　　　　　　D. 谷歌

9. 操作系统为用户提供了3种接口,以下4个选项中( )不包括在内。
　　A. 命令　　　　　B. 软件　　　　　C. 程序　　　　　D. 图形
10. 在工具栏上不需要添加就存在的图标是( )。
　　A. 地址工具栏　　B. 链接工具栏　　C. 语言工具栏　　D. 桌面
11. 在系统属性窗口中不能查看( )。
　　A. CPU　　　　　B. 显卡　　　　　C. 内存　　　　　D. 操作系统版本
12. 在Windows 10中,如果已经打开了多个应用程序窗口,按下( )键可以直接回到桌面。
　　A. Esc　　　　　　　　　　　　　　B. F1
　　C. Alt+Shift+Enter　　　　　　　　D. Win+D
13. 在Windows 10的桌面上建立一个文本文件,打开后输入两个汉字,查看文件属性,可以看到,文件大小为4B,占据空间为4096B,这是因为Windows 10操作系统对文件存储空间的分配,通常以( )为单位。
　　A. 字节　　　　　B. 扇区　　　　　C. 磁道　　　　　D. 簇
14. 在Windows 10的系统设置中,区域的作用( )。
　　A. 影响系统的时区　　　　　　　　B. 影响系统输入法
　　C. 影响系统的时间、货币等格式　　D. 影响系统显示的语言
15. 关于Windows 10的多桌面,以下说法中错误的是( )。
　　A. 通过任务栏打开和关闭
　　B. 通过任务栏上的"任务视图"在不同桌面间切换
　　C. 也被称为虚拟桌面
　　D. 最多可以创建两个桌面
16. 设置为( )的服务程序将会在开机时启动。
　　A. 禁用　　　　　B. 自动　　　　　C. 手动　　　　　D. 以上都不正确
17. 若已打开若干窗口,利用快捷键Alt+( ),可以显示所有打开窗口对应的应用程序图标,同时实现窗口之间的切换。
　　A. Esc　　　　　B. Ctrl　　　　　C. Tab　　　　　D. Shift
18. 在Windows 10中设置主题不包括( )。
　　A. 电源和睡眠　　B. 颜色　　　　　C. 锁屏界面　　　D. 声音
19. 对话框外形和窗口差不多,( )。
　　A. 也有菜单栏　　　　　　　　　　B. 也有标题栏
　　C. 也有最大化、最小化按钮　　　　D. 也允许用户改变其大小
20. 关于Windows 10的窗口,以下说法中错误的是( )。
　　A. 窗口可以改变大小
　　B. 窗口地址栏可以显示当前文件夹的路径
　　C. 导航窗格不可以关闭
　　D. 状态栏显示当前文件夹中包含的文件或文件夹数量
21. 在下列文件中,合法的文件名是( ),以下所有字母和标点符号均使用西文

半角。

  A. Index.asp   B. ture?.txt   C. A＊.DOC   D. I/O接口.TXT

22. 如果只离开一会,回来后希望继续工作,(　　)是最好的选择。

  A. 注销用户   B. 关闭计算机

  C. 锁定计算机   D. 直接离开,不做处理

23. 在资源管理器中,若将D盘的一个文件直接使用鼠标拖到D盘下的某一文件夹中,下列说法中正确的是(　　)。

  A. 实现了复制粘贴操作   B. 实现了剪切粘贴操作

  C. 该操作无法完成   D. 删除了文件

24. 下列关于"回收站"的说法中,正确的是(　　)。

  A. 默认情况下将U盘上的文件删除后可以在回收站中还原

  B. 默认情况下从回收站中还原的文件一律出现在桌面上

  C. 默认情况下从硬盘上删除的文件,在回收站中可以还原

  D. 默认情况下双击回收站中的文件,可以直接打开,查看内容来确定是否应该还原

25. 若希望直接删除一个文件,不进回收站,可以在按下(　　)键的同时用鼠标将文件直接拖到"回收站"中。

  A. Esc   B. Ctrl   C. Tab   D. Shift

26. 磁盘碎片整理的作用是(　　)。

  A. 将分散保存的文件放在一个连续的存储区域,提高读写速度

  B. 删除一些无用的文件,释放存储空间

  C. 检查并修复磁盘上损坏的扇区

  D. 清除磁盘上所有的文件和文件夹,并修复文件系统的错误

27. 关于磁盘格式化,下列四种说法中,(　　)是正确的。

  A. 在Windows 10系统运行时,可以格式化系统盘

  B. 一块从未格式化过的硬盘不能使用快速格式化

  C. 打开U盘上的文件,格式化U盘,系统会自动关闭文件并完成格式化

  D. 一块损坏的硬盘同样可以完成格式化。

28. 在Windows 10窗口中,同时改变窗口的高度和宽度,应该在(　　)上操作。

  A. 边框   B. 控制按钮   C. 标题栏   D. 四个角

29. 对于硬盘操作,以下说法中错误的是(　　)。

  A. 未经格式化的磁盘不能使用

  B. 磁盘优化的作用是用于检查和回复磁盘上的文件错误,恢复磁盘坏道等

  C. 磁盘清理的作用是清除临时文件,回收硬盘空间

  D. 通常对系统盘(C盘)的磁盘检查不能在系统运行时进行

30. 默认情况下,要保护一个文件不能被随便修改应该设置为(　　)属性。

  A. 只读   B. 隐藏   C. 存档   D. 系统

31. 一个文件的扩展名为.docx,下列关于这个文件的正确说法是(　　)。

A. 这是一个文本文件,默认情况下使用记事本程序打开

B. 这是一个 Word 2016 创建的文件,只能用 Word 2016 打开

C. 可以用记事本程序打开这个文件,但双击打开只能用 Word 2010,不能修改

D. 以上说法都不对

32. Windows 10 个性化显示设置,不包括(　　)。

　　A. 默认输入法　　　B. 桌面背景　　　C. 声音　　　D. 窗口颜色

33. 在 Windows 10 窗口中,如果想了解一个命令图标的作用,方便的操作是(　　)。

　　A. 使用鼠标的指向操作　　　　　　B. 单击该图标

　　C. 右击该图标　　　　　　　　　　D. 使用帮助网站

34. 在设备管理中,某一设备的名称前边有一个 ✱ ,这表示(　　)。

　　A. 该设备与当前系统不兼容

　　B. 该设备没有安装设备驱动程序

　　C. 该设备被停用,可以重新启用它

　　D. 该设备没有连接到计算机

35. 要选定多个连续的文件或文件夹,先单击第一项,然后(　　)再单击最后一项。

　　A. 按住 Alt 键　　　B. 按住 Ctrl 键　　　C. 按住 Shift 键　　　D. 按住 Delete 键

36. 在"资源管理器"中,若要选定若干非连续的文件,按住(　　)键的同时,再单击所要选择的非连续文件。

　　A. Alt　　　B. Tab　　　C. Shift　　　D. Ctrl

37. 下列有关 Windows 10 菜单命令的说法中,不正确的是(　　)。

　　A. 带省略号…,执行命令后会打开一个对话框

　　B. 前有符号√,表示该选项已被选中,命令有效

　　C. 带符号▶,当鼠标指向它时,会弹出一个子菜单

　　D. 带符号∗,表示菜单名太长,用鼠标指向它时,被省略的部分会显示出来

38. 关于 Windows 10 系统的备份与还原,以下说法中错误的是(　　)。

　　A. 可以实现周期性自动备份

　　B. 只能备份系统盘,不能备份其他盘

　　C. 可以将备份文件存储到网络上

　　D. 还原备份需要重启计算机

39. 以下关于 Windows 10 快捷方式的说法中正确的是(　　)。

　　A. 一个快捷方式可以指向多个目标对象

　　B. 一个对象可以建立多个快捷方式

　　C. 删除快捷方式会同时删除目标对象

　　D. 快捷方式是文件的一个副本

40. 剪贴板的本质是(　　)。

　　A. 内存中的一块区域　　　　　　　B. 一个特殊程序

　　C. 硬盘上的一块存储区域　　　　　D. CPU

7.2.2 填空题

1. 操作系统为用户提供了_____、_____和程序接口三种接口。
2. 操作系统具有处理机管理、_____、_____和文件管理等功能。
3. 右击任务栏,选择_____命令,任务栏的位置和大小将不能被改变。
4. Windows有两种菜单:右击时弹出的菜单是_____、单击任务栏上的"开始"菜单弹出的菜单是_____。
5. 在Windows 10中使用鼠标拖动的方法在同一个驱动器上复制对象,需要拖动鼠标时按下_____键,在不同驱动器上移动对象,需要按_____键。
6. 在Windows 10中,用户要长时间离开正在操作的计算机,但希望保存现在的运行环境,则需要使用"电源"级联菜单的_____命令。
7. 用户可以使用鼠标_____文件图标,打开文件或运行一个程序。如果用户想了解关于图标的详细情况可以采用鼠标_____图标的方法来实现。
8. Windows 10打开桌面的快捷键是_____,直接打开任务管理器的快捷键是_____。
9. Windows 10中使用鼠标将一个文件夹添加到"开始"菜单,需要将该文件夹直接拖到_____。
10. 按下_____键可以把当前窗口截图复制到剪贴板;按下_____可以把整个屏幕截图复制到剪贴板。
11. 要打开控制面板,可以在"开始"菜单直接输入_____,单击搜索出来的"控制面板"。
12. 在Windows 10中,打开一个包含5个文件的文件夹,如果要选中除第三个文件以外的所有文件,可选中第三个文件,单击"主页"选项卡中的_____命令。
13. 在Windows 10中,为了保护某个文件,避免误操作,可以设置该文件的属性为_____,使该文件在默认情况下不可见。
14. 图像的_____决定了图像中像素点的多少,在一定程度上决定了图像的真实度。
15. 复制操作的快捷键是_____,剪切操作的快捷键是_____,粘贴操作的快捷键是_____。
16. 在Windows 10文件上,右击打开快捷菜单,单击_____命令可以使用关联程序以外的程序打开文件。
17. 从根目录出发到达文件所在位置的路径是_____路径,从当前目录出发到达文件所在位置的路径是_____路径。
18. 在Windows 10的控制面板中,双击_____图标可以查看计算机的CPU、内存和安装的系统信息。
19. 在Windows 10的设置面板中,要设置桌面主题,可以单击_____图标。
20. 桌面上带有 的图标表明该文件是一个_____,使用鼠标_____该图标可以打开目标文件或运行目标程序。

21. 使用_____可以帮助用户释放磁盘空间,删除临时文件和安全地删除不需要的文件,执行对磁盘的_____操作可以全部删除磁盘上的数据,检查和修复文件系统错误。

22. 在_____对话框中,可以设置文件和文件夹的显示方式,例如隐藏文件的扩展名,显示和不显示隐藏文件夹等。

7.2.3 简答题

1. 什么是操作系统?操作系统的作用是什么?
2. 从资源管理的角度,操作系统有哪些基本功能?
3. 鼠标操作有几种?请简单描述操作方法和功能。
4. Windows 10 对话框是一种特殊的窗口,它和窗口有什么区别?
5. 快捷方式是什么?如何在桌面上创建快捷方式?
6. 回收站的功能是什么?什么样的文件删除后不能在回收站中恢复?

7.2.4 操作题

1. "文件夹选项"设置

(1) 设置浏览文件夹时"在不同窗口中打开不同文件夹",打开项目的方式为"通过双击打开项目(单击时选定)",在导航窗格"自动扩展到当前文件夹"。

(2) 设置"显示隐藏的文件、文件夹或驱动器","显示已知文件类型的扩展名"。取消"隐藏受保护的操作系统文件"。

2. "显示"设置

(1) 先准备一张图片,将这张图片设置为桌面背景,效果为"拉伸"。

(2) 设置窗口颜色为淡绿色。

(3) 设置屏幕保护为"三维文字",内容为"山东财经大学东方学院",等待时间为 10min,旋转类型设置为"滚动"。

(4) 设置声音为"节日"。

(5) 修改指针正常选择为"arrow_r"。

(6) 保存主题为"新主题"。

3. 文件和文件夹操作

(1) 在 D 盘下创建 user 文件夹和 mywork 文件夹。

(2) 在 user 文件夹下创建"学习.txt""工作.txt""其他.docx"三个文件。

(3) 搜索 D 盘上扩展名为 docx 的文件,使用 Print Screen 键为搜索结果抓图,粘贴到"其他.docx"中。

(4) 将"学习.txt""其他.docx"移动到 mywork 文件夹。

(5) 在 D 盘搜索工作开头的所有文件,删除"工作.txt"。

4. "回收站"操作

(1) 查看回收站中"工作.txt"的属性,记录其原位置,建立和删除时间。

(2) 将"工作.txt"还原。

(3) 删除"学习.txt",在回收站中将其彻底删除。

(4) 设置 D 盘删除的文件不进回收站,并关闭安全提示。

5. "任务管理器"操作

(1) 打开"工作.txt",在任务管理器中结束程序,在新任务中打开"其他.docx"。

(2) 在进程选项卡中结束"其他.docx"winword 进程。

(3) 查看登录到计算机的用户。

6. "快捷方式"操作

(1) 为"其他.docx"在桌面创建快捷方式。

(2) 将"其他.docx"固定到"开始"菜单。

(3) 将"其他.docx"固定到任务栏。

7. 其他操作

(1) 为 D 盘进行磁盘清理,查看系统中各驱动器的碎片百分比。

(2) 设置某一程序在开机时自动运行打开。

(3) 停止服务中的 UPnP 服务,并设置启动方式为"手动"。

第8章　网络技术学习指导与习题

8.1　学习提要

8.1.1　学习目标与要求

（1）了解计算机网络与 Internet 有关的基本知识。
（2）掌握组成局域网的结构及硬件设备。
（3）掌握移动互联网的定义、特点。

8.1.2　主要知识点

1. 计算机网络基础

（1）计算机网络的定义和功能。
（2）计算机网络的分类和结构。
（3）计算机网络体系结构。

2. 局域网

（1）局域网传输介质。双绞线、同轴电缆、光纤。
（2）局域网的连接。
（3）Windows 7 操作系统下局域网共享。

3. Internet 基础

（1）Internet 发展历程及功能。
（2）IP 地址与域名系统。IP 地址的格式：****.****.****.****。

4. 移动互联网

（1）移动互联网的定义。
（2）移动互联网的特点。
（3）移动互联网的体系结构。
（4）移动互联网的发展趋势。

8.2 习题

8.2.1 单项选择题

1. 计算机网络技术包含的两个主要技术是计算机技术和（　　）。
   A. 微电子技术　　　　　　　　　B. 通信技术
   C. 数据处理技术　　　　　　　　D. 自动控制技术
2. 按照网络覆盖的地理范围，可将计算机网络分为三大类，分别是（　　）。
   A. 局域网、广域网和互联网　　　B. 广域网、局域网和城域网
   C. 广域网、局域网和 Internet　　D. Internet、互联网和城域网
3. 广域网和局域网是按照（　　）来分的。
   A. 网络使用者　　　　　　　　　B. 信息交换方式
   C. 网络连接距离　　　　　　　　D. 传输控制规程
4. 局域网的拓扑结构主要有（　　）、环状、总线型和树状 4 种。
   A. 星状　　　　B. T 状　　　　C. 链状　　　　D. 关系
5. 计算机网络的主要目标是（　　）。
   A. 分布处理　　　　　　　　　　B. 将多台计算机连接起来
   C. 提高计算机可靠性　　　　　　D. 共享软件、硬件和数据资源
6. 在局域网常用的拓扑结构中，各节点间由一条公共线路相连，采用一点发送、多点接收方式进行通信的拓扑结构称为（　　）。
   A. 总线型结构　　B. 星状结构　　C. 环状结构　　D. 网状结构
7. 在计算机网络中，通常把提供并管理共享资源的计算机称为（　　）。
   A. 服务器　　　　B. 工作站　　　C. 网关　　　　D. 路由器
8. Internet 使用的核心通信协议是（　　）。
   A. CSMA/CD 协议　　　　　　　B. TCP/IP
   C. X.25/X.75 协议　　　　　　　D. Token Ring 协议
9. 调制解调器用于完成计算机数字信号与（　　）之间的转换。
   A. 电话线上的数字信号　　　　　B. 同轴电缆上的音频信号
   C. 同轴电缆上的数字信号　　　　D. 电话线上的音频信号
10. OSI 的中文含义是（　　）。
    A. 网络通信协议　　　　　　　　B. 国家信息基础设施
    C. 开放系统互连　　　　　　　　D. 公共数据通信网
11. 电子邮件地址的一般格式为（　　）。
    A. 用户名@域名　　　　　　　　B. 域名@用户名
    C. IP 地址@域名　　　　　　　 D. 域名@IP 地址
12. 下列说法中错误的是（　　）。

A. 电子邮件是 Internet 提供的一项最基本的服务

B. 电子邮件具有快速、高效、方便、价廉等特点

C. 通过电子邮件,可向世界上任何一个角落的网上用户发送信息

D. 可发送的多媒体只有文字和图像

13. 收到一封邮件,再把它发给别人,一般可以用(　　)来实现。

A. 回复　　　　B. 转发　　　　C. 编辑　　　　D. 发送

14. IP 地址由(　　)组成。

A. 3 个黑点分隔主机名、单位名、地区名和国家名 4 个部分

B. 3 个黑点分隔 4 个 0~255 的数字

C. 3 个黑点分隔 4 部分,前两部分是国家名和地区名,后两部分是数字

D. 3 个黑点分隔 4 部分,前两部分是国家名和地区名,后两部分是网络和主机码

15. 互联网的地址系统规定,每台接入互联网的计算机允许有(　　)个地址码。

A. 多个　　　　B. 0 个　　　　C. 1 个　　　　D. 不多于两个

16. HTTP 的中文意思是(　　)。

A. 布尔逻辑搜索　　　　　　B. 电子公告牌

C. 文件传输协议　　　　　　D. 超文本传输协议

17. Telnet 的功能是(　　)。

A. 软件下载　　B. 远程登录　　C. WWW 浏览　　D. 新闻广播

18. 连接到 WWW 页面的协议是(　　)。

A. HTML　　　　B. HTTP　　　　C. SMTP　　　　D. DNS

19. 在 URL"http://www.pku.edu.cn/home/welcome.html"中的 www.pku.edu.cn 是指(　　)。

A. 一个主机的域名　　　　　B. 一个主机的 IP 地址

C. 一个 Web 主页　　　　　D. 网络协议

20. Internet 起源于(　　)。

A. 美国　　　　B. 英国　　　　C. 德国　　　　D. 澳大利亚

8.2.2 填空题

1. 计算机网络从逻辑或功能上可分为两部分:_____子网和_____子网。
2. 常见的网络交换与互连设备有集线器、_____、_____。
3. 计算机网络中,通信双方必须共同遵守的规则或约定称为_____。
4. 衡量网络上数据传输速率的单位是 b/s,其含义是_____。
5. OSI 的中文含义是_____,它采用分层结构的描述方法,将整个网络通信的功能划分为_____个层次,由低至高为_____。
6. IP 地址是一个_____位的二进制数。
7. Internet 上的每一个信息页都有自己的地址,称为_____。
8. Internet 使用的核心通信协议是_____。

9. 一台连入 Internet 的主机具有全球唯一的地址,该地址称为_____。

10. 在 Internet 域名地址表示中,EDU 代码的意义是_____。

8.2.3　简答题

1. 计算机网络的定义是什么?
2. 计算机网络有哪些功能?
3. 简述网络的分类。
4. 简述网络拓扑结构的分类。
5. OSI 参考模型包括哪些层次?每个层次的主要功能是什么?
6. IP 地址表示什么?它是怎样表示的?主要有哪 3 类?它们分别是怎样表示的?各有什么特点?

第 9 章　文字处理软件 Word 2016 学习指导与习题

9.1　学习提要

9.1.1　学习目标与要求

（1）熟悉 Word 2016 的启动、退出及窗口的基本组成。

（2）熟练掌握 Word 2016 文档的创建、保存、打开、关闭及打印，掌握中、英文字符及特殊字符的输入。

（3）掌握文本的各种选定方法，学会文本的删除、复制、移动、撤销和恢复等操作。

（4）掌握文本的查找、替换和定位等操作。

（5）了解 Word 2016 文档的几种视图方式，掌握字符格式设置、段落格式设置和页面格式设置的方法。

（6）掌握长文档的编辑操作，学会使用格式刷和样式实现文档格式的重用，学会使用分页、分节和分栏等操作划分页面板块，学会设置页眉和页脚、插入目录、添加引用内容等操作。

（7）掌握 Word 2016 中表格的创建、内容的输入与编辑操作，掌握表格格式设置，掌握表格与文本之间的转换，掌握表格中数据的排序与计算。

（8）学会图片、图形、文本框、艺术字、公式等对象的插入和编辑，以及 SmartArt 智能图形的创建与编辑。

（9）熟悉在文档中插入批注、文档修订及共享文档，学会使用自动更正功能检测、更正输入错误。

（10）学会使用邮件合并功能，批量创建信函、电子邮件、传真、信封、标签等。

（11）学会在文档中使用宏自动化处理文档、使用控件制作交互式文档。

9.1.2　主要知识点

1. Word 2016 概述

Word 2016 的主要功能，Word 2016 的启动、退出及窗口的基本组成。

2. Word 2016 的基本操作

（1）Word 2016 文档的创建、保存、打开、关闭和打印。

（2）中、英文字符及特殊字符的输入。

3. Word 2016 文本编辑

(1) 文本的各种选定方法,文本的删除、复制、移动、撤销和恢复等操作。
(2) 文本的查找、替换和定位操作。

4. Word 2016 文档的格式设置

(1) 字符格式的设置。用"字体"命令组、"字体"对话框以及浮动工具栏设置字符格式。
(2) 段落的对齐、缩进、行间距和段间距、项目符号和编号、首字下沉、边框和底纹等格式的设置。
(3) 设置页面的纸张、页边距、纸张方向、版式、页面颜色、页面背景、水印效果等。

5. 长文档的编辑

(1) 使用格式刷和样式实现文档格式的重用。
(2) 使用分页、分节和分栏等操作划分页面板块。
(3) 设置页眉和页脚。
(4) 插入目录、添加引用内容。

6. 表格操作

(1) Word 2016 中表格的创建、内容的输入与编辑操作。
(2) 表格格式设置。
(3) 表格与文本之间的转换。
(4) 表格中数据的排序与计算。

7. 其他对象的操作

(1) 图片、图形、文本框、艺术字、公式等对象的插入和编辑。
(2) SmartArt 智能图形的创建及编辑。

8. 修订文档与邮件合并

(1) 审阅和修订文档。为文档添加批注,修订文档,设置批注与修订,自动更正。
(2) 共享文档。通过电子邮件共享文档,转换成 PDF 文档格式,与其他组件共享信息。
(3) 邮件合并功能,批量创建信函、电子邮件、传真、信封、标签等。

9. 在文档中使用宏与控件

(1) 使用宏自动化处理文档。录制宏、应用宏。
(2) 使用控件制作交互式文档。

9.2 习题

9.2.1 选择题

1. Word 2016 文档默认的文件扩展名为(　　)。
   A. .txt   B. .docx   C. .dotx   D. .ppt
2. 下列关于 Word 2016 文档窗口的说法中,正确的是(　　)。
   A. 只能打开一个文档窗口
   B. 可以同时打开多个文档窗口,被打开的窗口都是活动窗口
   C. 可以同时打开多个文档窗口,但其中只有一个是活动窗口
   D. 可以同时打开多个文档窗口,但在屏幕上只能见到一个文档窗口
3. 在退出 Word 2016 时,如果有工作文档尚未存盘,系统的处理方法是(　　)。
   A. 直接退出
   B. 按系统默认路径保存文档,并退出 Word 2016
   C. 会弹出一个保存文档的对话框
   D. 按系统默认路径和文件名保存文档,并退出 Word 2016
4. 在 Word 2016 中"打开文档"的作用是(　　)。
   A. 将指定的文档从内存中读入外存,并显示出来
   B. 为指定的文档打开一个空白窗口
   C. 将指定的文档从外存中读入内存,并显示出来
   D. 显示并打印指定文档的内容
5. 在 Word 2016 中,如果已存在一个名为 no1.docx 的文件,要想将它换名为 NEW.docx,可以选择(　　)命令。
   A. 另存为   B. 保存   C. 全部保存   D. 新建
6. 在 Word 2016 工作过程中,当光标置于文档中某处,输入字符时,通常有两种输入方式,分别是(　　)。
   A. 插入与改写   B. 插入与移动   C. 改写与复制   D. 复制与移动
7. 段落的标记是在输入(　　)之后产生的。
   A. 句号   B. Enter 键   C. Shift+Enter   D. 分页符
8. 关于选定文本内容的操作,如下叙述中不正确的是(　　)。
   A. 在文本选定区单击可选定一行
   B. 可以通过鼠标拖曳或键盘组合操作选定任何一块文本
   C. 在文本选定区双击可选定整篇文档
   D. 按快捷键 Ctrl+A 可以选定全部内容
9. 在 Word 2016 中,按 Delete 键,将删除(　　)。
   A. 插入点前面的一个字符   B. 插入点前面的所有字符

C. 插入点后面的一个字符　　　　　　D. 插入点后面的所有字符

10. Word 2016 中，人工换行符是在按下（　　）键之后产生的。

  A. 空格　　　　　B. Tab　　　　　C. Enter　　　　　D. Shift＋Enter

11. 在使用 Word 2016 编辑文档时，假设插入点在第一段最末位置，如果按 Delete 键，其结果是（　　）。

  A. 仅删除第一段最末行的最后一个字符

  B. 删除第二段的第一个字符

  C. 合并第一段和第二段

  D. 把第一段落全部删除

12. Word 2016 文档中，选择全文按快捷键（　　）。

  A. Ctrl＋A　　　　B. Shift＋A　　　　C. Alt＋A　　　　D. Ctrl＋S

13. 在 Word 2016 中，如果要在文档中选定的位置添加另一个 DOCX 文件的全部内容，可使用"插入"选项卡中的（　　）命令。

  A. 数字　　　　　　　　　　　　B. 图文框

  C. 对象　　　　　　　　　　　　D. 对象下拉菜单中的"文件中的文字"

14. 在 Word 2016 中选定文本后，（　　）拖曳文本到目标位置即可实现文本的移动。

  A. 按住 Ctrl 键的同时　　　　　　B. 按住 Esc 键的同时

  C. 按住 Alt 键的同时　　　　　　D. 无须按键

15. 在 Word 2016 中，将插入点置于文档任意位置，打开"查找和替换"对话框，输入查找内容和替换内容后，单击"全部替换"按钮，则（　　）。

  A. 在整篇文档范围内查找并替换匹配的内容

  B. 从插入点开始向下查找指定的内容

  C. 从插入点开始向上查找并替换匹配的内容

  D. 没有选定内容，不能查找和替换

16. 在 Word 2016 的编辑状态，执行两次"复制"操作后，剪贴板中（　　）。

  A. 仅有第一次被复制的内容　　　　B. 仅有第二次被复制的内容

  C. 有两次被复制的内容　　　　　　D. 无内容

17. 在 Word 2016 的编辑状态，使用鼠标拖动的方法移动文本时（　　）。

  A. 选择的内容不会被复制到剪贴板

  B. 被选择的内容被复制到剪贴板

  C. 插入点所在的段落内容被复制到剪贴板

  D. 光标所在的段落内容被复制到剪贴板

18. 在 Word 2016 中，复制文本的快捷键是（　　）。

  A. Ctrl＋C　　　　B. Ctrl＋X　　　　C. Ctrl＋V　　　　D. Ctrl＋S

19. 移动光标到文件末尾的快捷键是（　　）。

  A. Ctrl＋PgDn　　B. Ctrl＋PgUp　　C. Ctrl＋Home　　D. Ctrl＋End

20. 在编辑 Word 2016 文档时，选择某一段文字后，把鼠标指针置于选中文本的任一位置，按 Ctrl 键并按住鼠标左键不放，拖到另一个位置才放开鼠标。这个操作是（　　）。

A. 复制文本 B. 移动文本 C. 替换文本 D. 删除文本

21. 在 Word 2016 中查找和替换文字时,若操作错误则( )。
    A. 可用"撤销"来恢复　　　　　　　B. 必须手工恢复
    C. 无可挽回　　　　　　　　　　　D. 有时可恢复,有时就无可挽回

22. 在 Word 2016 文档中,"插入"选项卡中的"书签"命令是用来( )的。
    A. 快速定位文档　　　　　　　　　B. 快速移动文本
    C. 快速浏览文档　　　　　　　　　D. 快速复制文档

23. 在 Word 2016 编辑时,文字下面有红色波浪线表示( )。
    A. 已修改过的文档　　　　　　　　B. 对输入的确认
    C. 可能是拼写错误　　　　　　　　D. 可能是语法错误

24. Word 2016 不可编辑( )文件。
    A. *.doc B. *.txt C. *.wps D. *.exe

25. 在 Word 2016 文档中,要拒绝所作的修订,可以使用( )选项卡中的命令来完成。
    A. "常用" B. "任务窗格" C. "审阅" D. "格式"

26. 在 Word 2016 中,系统默认的中文字体是( )。
    A. 黑体 B. 宋体 C. 仿宋体 D. 楷体

27. 在 Word 2016 中,系统默认的中文字体的字号是( )号。
    A. 三 B. 四 C. 五 D. 六

28. 在 Word 2016 中,如果要为选取的文档内容加上波浪下画线,可使用"开始"选项卡下的( )命令组。
    A. "字体" B. "段落" C. "制表位" D. "样式"

29. 在 Word 2016 中,如果要调整行距,可使用"开始"选项卡中的( )命令组。
    A. "字体" B. "段落" C. "制表位" D. "样式"

30. 在段落对齐的方式中,方式( )能使段落中的每一行(包括段落结束行)都能与左右边缩进对齐。
    A. 左对齐 B. 两端对齐 C. 居中对齐 D. 分散对齐

31. 对于一段两端对齐的文字,只选其中的几个字符,单击"居中"按钮,则( )。
    A. 整个文档变为居中格式　　　　　B. 只有被选中的文字变为居中格式
    C. 整个段落变为居中格式　　　　　D. 格式不变,操作无效

32. 在 Word 2016 中,与打印机输出完全一致的视图称为( )视图。
    A. 普通 B. 大纲 C. 页面 D. 主控文档

33. 如果规定某一段的首行左端起始位置在该段落其余各行左端的左面,这称为( )。
    A. 左缩进 B. 右缩进 C. 首行缩进 D. 悬挂缩进

34. 在 Word 2016 的编辑状态,文档窗口显示出水平标尺,拖动水平标尺上沿的"首行缩进"滑块,则( )。
    A. 文档中各段落的首行起始位置都重新确定

B. 文档中被选择的各段落首行起始位置都重新确定

C. 文档中各行的起始位置都重新确定

D. 插入点所在行的起始位置被重新确定

35. 若要设置段落的首行缩进,应拖动标尺上的(　　)按钮。

　　A. ⌂　　　　B. ◮　　　　C. ▽　　　　D. 都不可以

36. 在 Word 2016 中,如果要为文档加上页码,可使用(　　)选项卡中的"页码"命令。

　　A. 文件　　　B. 编辑　　　C. 插入　　　D. 格式

37. 在 Word 2016 中,如果想为文档加上页眉和页脚,可使用(　　)选项卡中的"页眉"和"页脚"命令。

　　A. "开始"　　B. "视图"　　C. "插入"　　D. "邮件"

38. 下列关于 Word 2016 中分栏的说法不正确的是(　　)。

　　A. "分栏"命令在"页面布局"选项卡中

　　B. 在分栏文本的结尾处插入"连续"型分节符可设置等长栏

　　C. 分栏数可以调整

　　D. 各栏之间的间距是固定的

39. 下列有关文档分页的叙述,错误的是(　　)。

　　A. 分页符和正文内容一起打印

　　B. 可以自动分页,也可以人工分页

　　C. 在普通视图下,将插入点置于人工分页符上,按 Delete 键可以删除该分页符

　　D. 分符页标志着前一页的结束,新一页的开始

40. 如果文档中的内容在一页没满的情况下需要强制换页,则(　　)。

　　A. 不可以这样做

　　B. 插入分页符

　　C. 插入分节符

　　D. 多按几次 Enter 键直到出现下一页

41. 在 Word 2016 中,对于页眉、页脚的编辑,下列叙述不正确的是(　　)。

　　A. 文档内容和页眉、页脚可在同一窗口编辑

　　B. 文档内容和页眉、页脚一起打印

　　C. 编辑页眉、页脚时不能编辑文档内容

　　D. 页眉、页脚中也可以进行格式设置和插入图片

42. 在 Word 2016 中,要将页面大小规格由默认的 A4 改为 B5,应选择"布局"选项卡中"页面设置"命令中的(　　)选项卡。

　　A. "页边距"　　B. "纸张方向"　　C. "文字方向"　　D. "纸张大小"

43. 双击"格式刷"可将一种格式从一个区域一次复制到(　　)区域。

　　A. 3 个　　　B. 多个　　　C. 1 个　　　D. 2 个

44. 要对一个文档中多个不连续的段落设置相同的格式,最高效的操作办法是(　　)。

A. 插入点定位在样板段落处,单击 按钮,再将鼠标指针拖过其他多个需应用此格式的段落

B. 选用同一个"样式"来格式化这些段落

C. 选用同一个"模板"来格式化这些段落

D. 利用"替换"命令来格式化这些段落

45. Word 2016 中格式刷的用途是( )。
    A. 选定文字和段落　　　　　　　B. 抹去不需要的文字和段落
    C. 复制已选中的字符　　　　　　D. 复制已选中的字符和段落的格式

46. 在 Word 2016 中,下列关于模板的说法中,正确的是( )。
    A. 模板的扩展名是.txt
    B. 用户不能修改系统预置的模板
    C. 模板是一种特殊的文档,它决定着文档的基本结构和样式,作为其他同类文档的模型
    D. 用户不能自己创建专用模板

47. 确切地说,Word 2016 的样式是一组( )的集合。
    A. 字符格式　　　B. 段落格式　　　C. 控制符　　　D. 格式

48. 在 Word 2016 中,如果插入的表格的内、外框线是虚线,要想将框线变成实线,在( )对话框中实现。
    A. 虚线　　　B. 边框和底纹　　　C. 表格　　　D. 制表位

49. 在 Word 2016 中,如果当前插入点在表格中某行的最后一个单元格的外框线上,按 Enter 键后,( )。
    A. 插入点所在行加高　　　　　　B. 插入点所在列加宽
    C. 在插入点所在行下增加一行　　D. 对表格不起作用

50. 在 Word 2016 中要建立一个表格,方法是( )。
    A. 用↑、↓、→、←光标键画表格
    B. 用 Alt 键,Ctrl 键,↑、↓、→、←光标键画表格
    C. 用 Shift 键和↑、↓、→、←光标键画表格
    D. 选择"插入"选项卡中的"表格"命令

51. 在 Word 2016 表格中,如果将两个单元格合并,则原有两个单元格的内容( )。
    A. 不合并　　　B. 完全合并　　　C. 部分合并　　　D. 有条件地合并

52. 在 Word 2016 中的"表格属性"对话框中,表格的对齐方式不包括( )。
    A. 左对齐　　　B. 两端对齐　　　C. 右对齐　　　D. 居中对齐

53. 对于 Word 2016 中的表格,错误的叙述是( )。
    A. 在表格的单元格中,除了可以输入文字、数字,还可以插入图片
    B. 表格中的数据可以按行进行排序
    C. 可将表格中同一行的各单元格设置成不同高度
    D. 可以在"表格属性"对话框中设置表格在页面中的对齐方式

54. 在 Word 2016 中,若要对表格的一行数据求和,正确的公式是(   )。
    A. =sum(above)   B. =average(left)
    C. =sum(left)   D. =average(above)

55. 在 Word 2016 中,如果要在文档中选定的位置加入一幅图片,可使用(   )选项卡中的"图片"命令。
    A. "编辑"   B. "视图"   C. "插入"   D. "工具"

56. 利用 Word 2016 编辑文档时,插入剪贴画后其默认的环绕方式为(   )。
    A. 紧密型   B. 浮于文字上方   C. 嵌入式   D. 衬于文字下方

57. 插入剪贴画后,如要改变图片大小而又保持长宽比例不变,可以用鼠标拖动图片的(   )。
    A. 中间   B. 边缘   C. 顶角   D. 任意位置

58. 怎样确保绘制的直线一定水平或垂直?(   )
    A. 绘制直线时,同时按住鼠标左右两键拖动鼠标
    B. 绘制直线时,按 Shift 键的同时按住左键拖动鼠标
    C. 绘制直线时,按 Ctrl 键的同时按住左键拖动鼠标
    D. 绘制直线时,用鼠标右键拖动

59. 关于 Word 2016 的文本框有下列 4 种说法,正确的是(   )。
    A. 文本框在移动时可作为整体移动   B. 文本框的大小不能随意缩放
    C. 不能取消文本框的边框   D. 文本框不能复制

60. 打印页码"2-5,10,12"表示打印的是(   )。
    A. 第 2 页,第 5 页,第 10 页,第 12 页   B. 第 2～5 页,第 10 至 12 页
    C. 第 2～5 页,第 10 页,第 12 页   D. 第 2 页,第 5 页,第 10 至 12 页

61. 若用户经常需要用 Word 2016 编辑中文文档,希望所输入的正文都能够段首空两个字符,则最简捷的操作方法是(   )。
    A. 在每次编辑文档前,先将"正文"样式修改为"首行缩进 2 字符"
    B. 每次编辑文档时,先输入内容然后选中所有正文文本将其设为"首行缩进 2 字符"
    C. 在一个空白文档中将"正文"样式修改为"首行缩进 2 字符",然后将当前样式设为默认值
    D. 将一个"正文"样式为"首行缩进 2 字符"的文档保存为模板文件,然后每次基于该模板创建新文档

62. 学生小王正在 Word 2016 中编排自己的毕业论文,他希望将所有应用了"标题 3"样式的段落修改为 1.25 倍行距、段前间距 12 磅,最优的操作方法是(   )。
    A. 修改其中一个段落的行距和间距,然后通过格式刷复制到其他段落
    B. 逐个修改每个段落的行距和间距
    C. 直接修改"标题 3"样式的行距和间距
    D. 选中所有"标题 3"段落,然后统一修改其行距和间距

63. 用户小李正在 Word 2016 中编辑一篇包含 12 章的书稿,他希望每一章都能自动

从新的一页开始,最优的操作方法是( )。

   A. 在每一章最后插入分页符
   B. 在每一章最后连续按 Enter 键,直到下一页面开始处
   C. 将每一章标题的段落格式设为"段前分页"
   D. 将每一章标题指定为标题样式,并将样式的段落格式修改为"段前分页"

64. 在 Word 2016 中编辑一篇文档时,如需快速选取一个较长段落文字区域,最快捷的操作方法是( )。

   A. 直接用鼠标拖动选择整个段落
   B. 在段首单击,按住 Shift 键不放,再单击段尾
   C. 在段落的左侧空白处双击鼠标
   D. 在段首单击,按住 Shift 键不放,再按 End 键

65. 李编辑休假前正在审阅一部 Word 2016 书稿,他希望回来上班时能够快速找到上次编辑的位置,在 Word 2016 中最优的操作方法是( )。

   A. 下次打开书稿时,直接通过滚动条找到该位置
   B. 记住一个关键词,下次打开书稿时,通过"查找"功能找到该关键词
   C. 记住当前页码,下次打开书稿时,通过"查找"功能定位页码
   D. 在当前位置插入一个书签,通过"查找"功能定位书签

66. 小张完成了毕业论文,现需要在正文前添加论文目录以便检索和阅读,最优的操作方法是( )。

   A. 利用 Word 2016 提供的"手动目录"功能创建目录
   B. 直接输入作为目录的标题文字和相对应的页码创建目录
   C. 将文档的各级标题设置为内置标题样式,然后基于内置标题样式自动插入目录
   D. 不使用内置标题样式,而是直接基于自定义样式创建目录

67. 小李计划邀请 30 家客户参加答谢会,并为客户发送邀请函。快速制作 30 份邀请函的最优操作方法是( )。

   A. 发动同事帮忙制作邀请函,每个人写几份
   B. 利用 Word 2016 的邮件合并功能自动生成
   C. 先制作好一份邀请函,然后复印 30 份,在每份上添加客户名称
   D. 先在 Word 2016 中制作一份邀请函,通过复制、粘贴功能生成 30 份,然后分别添加客户名称

68. 在 Word 2016 文档中有一个占用 3 页篇幅的表格,如需将这个表格的标题行都出现在各页面首行,最优的操作方法是( )。

   A. 将表格的标题复制到另外 2 页中
   B. 利用"重复标题行"功能
   C. 打开"表格属性"对话框,在列属性中进行设置
   D. 打开"表格属性"对话框,在行属性中进行设置

9.2.2 填空题

1. Word 2016 文档缺省的扩展名为_____。

2. _____栏位于 Word 2016 窗口的最下方,用来显示当前正在编辑的页数、字数、状态等信息。

3. 在 Word 2016 中,按_____键与快速访问工具栏上的保存按钮功能相同。

4. 在 Word 2016 中,按_____键可以选定文档中的所有内容。

5. Word 2016 中,Ctrl + Home 操作可以将插入光标移动到_____。

6. 在 Word 2016 中,一种选定矩形文本块的方法是按住_____键的同时用鼠标拖曳。

7. 要选定较长的文档内容,可先将光标定位于其起始位置,再按住_____键,单击其结束位置。

8. 在 Word 2016 文档编辑过程中,先选定了文档内容,再按住 Ctrl 键并拖曳鼠标至另一位置,即可完成选定文档内容的_____操作。

9. Word 2016 中剪切命令的快捷键是_____。

10. 在 Word 2016 中,按_____键与工具栏上的粘贴功能相同。

11. Word 2016 中,键入的字符覆盖插入点后的字符的输入方式称为_____。

12. 在 Word 2016 文档编辑中,经常采用两种方式移动文本:①用鼠标移动文本(适用于近距离移动文本);②使用_____移动文本(适用于远距离移动文本)。

13. 如果放弃刚刚进行的一个文档内容操作,只需单击快速访问工具栏上的_____按钮即可。

14. _____是 Word 2016 的默认视图,其显示效果反映了打印后的真实效果,即是一种"所见即所得"的显示方式。

15. _____视图中,可以折叠文档,只查看主标题,也可扩展文档,以便查看整个文档。

16. 在 Word 2016 中,要清除制表位,除使用"制表位"对话框外,一种简便的方法是使用水平标尺,其操作是_____。

17. _____对话框提供了设置段落格式的最全面的方式。

18. _____缩进是指段落中除第一行以外的其他行向右缩进。

19. _____缩进就是段落的第一行的开头向内缩进,一般一段文字的第一行的开始位置空两个字符,就是通过该缩进控制。

20. 设置分栏,要在_____选项卡中的"页面设置"命令组中选择"分栏"命令。

21. Word 2016 中除了使用样式外,还可使用_____进行字符和段落格式的复制。

22. Word 2016 的样式是一组已命名的字符格式和_____格式的组合。

23. 在 Word 2016 中,可以通过_____标尺来修改表格中列的宽度。

24. 在 Word 2016 文档中,在选择单元格后,可进行的操作有插入、移动、_____、合并和删除等。

25. 在 Word 2016 中,为表格填写数据时,按_____键可将插入点移向右边的单元格内。

26. 在 Word 2016 中,插入的图片有_____和_____两种显示形式。默认情况下,插入的图片是_____图片。

27. 在图形编辑状态中,单击"矩形"按钮,按住_____键的同时拖曳鼠标,可以画出正方形。

9.2.3 判断题

1. 在 Word 2016 中只能创建扩展名为.docx 的文件。   (   )
2. 使用 Word 2016 进行文档编辑时,单击"关闭"按钮后,如有尚未保存的文档,Word 2016 会自动保存它们后再退出。   (   )
3. 当打开 Word 2016 文档后,插入点总是在上次最后存盘时的位置。   (   )
4. 用 Word 2016 编辑文档时,输入的内容满一行时必须按 Enter 键开始下一行。
                                                                  (   )
5. Word 2016 编辑文档时,不能将其他 Word 2016 文档导入。   (   )
6. 删除和剪切操作都能将选定的文本从文档中去掉。但是,剪切操作时,删除的内容会保存到剪贴板中;删除操作时,删除的内容则不进入剪贴板。   (   )
7. Word 2016 中,可以利用标尺调整文字和段落缩进。   (   )
8. Word 2016 中,设置段落格式为"左缩进 2 字符"同"首行缩进 2 字符"的效果一致。
                                                                  (   )
9. 若要设置文档背景,应该选择"视图"选项卡。   (   )
10. Word 2016 中,既可以设置页面背景颜色,也可以将图片作为页面的背景。
                                                                  (   )
11. 单击"插入"选项卡"页眉和页脚"功能区的"页眉"按钮,在下拉列表中选择"删除页眉"命令可删除文档页眉。   (   )
12. Word 2016 中,不能单独设置文档首页的页眉和页脚。   (   )
13. Word 2016 中,用户可以将自己设置的字符或段落格式设置为新样式,并保存下来。   (   )
14. 使用样式不仅可以轻松快捷地编排具有统一格式的段落,而且可以使文档格式严格保持一致。   (   )
15. Word 2016 中,利用模板可以快速建立具有相同结构的文件。   (   )
16. Word 2016 表格中,可以设置表格或单元格的底纹。   (   )
17. 利用表格可以规划文档版面。   (   )
18. Word 2016 中,选中整个表格,然后按 Delete 键就可以直接删除整个表格。
                                                                  (   )
19. Word 2016 中,选中表格中的一个单元格,按 Delete 键,可以删除该单元格。
                                                                  (   )

20．公式"＝SUM(A1:A4)"表示对单元格 A1 和 A4 中的数据求和。（   ）

21．在 Word 2016 表格中,如要计算表格中一行数据的平均值,所用的函数应是 INT。
（   ）

22．将表格转换为文本时,可以指定逗号、制表符、段落标记或其他字符作为转换时分隔文本的字符。（   ）

23．在文本框中只能输入文字表格,不能插入图形对象。（   ）

24．文本框内的文字可以单独进行格式设置。（   ）

25．使用"绘图"工具绘制的图形组合后就不能修改了。（   ）

9.2.4 操作题

1．打开实验素材中的文件"高新企业优惠政策.docx",对文本按照要求完成下列操作。

(1) 将文中所有的"有惠"一词替换为"优惠"。

(2) 将标题文字"高新技术企业优惠政策"设置为三号黑体、红色、加粗、居中并为文字添加黄底纹,段后间距设置为 16 磅。

(3) 将正文各段文字设置为仿宋、四号,各段落左右缩进 1 字符,首行缩进 2 字符,行距为 2 倍行距,段前段后 1 行间距。

(4) 给文档设置文字水印"高新企业优惠政策"。

2．建立表 9-1 所示的学生成绩表,按要求完成下列操作。

表 9-1　学生成绩表

姓　名	英　语	语　文	数　学
李嘉	67	78	76
张毅	89	74	90
赵兵	98	97	96
孙丁	76	56	60

(1) 将表格中的字体设置为宋体、五号,设置单元格中的文字水平居中,表格对齐方式为居中。

(2) 在表格的最后增加一列,列标题为"平均成绩",计算各个学生的平均成绩并插入相应单元格内。

(3) 将表格中的内容按"数学"成绩的递减次序排序。

3．打开实验素材中的文件"办公室规章.docx",将文本按要求进行操作。

(1) 将正文设置为四号宋体,左缩进 2 个字符,首行缩进 2 个字符,行距为 1.5 倍行距。

(2) 添加红色双实线页面边框。

(3) 在段首插入任意图片,设置环绕方式为"四周型"。

(4) 给文档插入页眉和页脚,页眉中的文字为"办公室规章",宋体,小五号字,居中;

页脚中插入页码,包括"页码/总页数"信息,居中。

(5) 设置页面为 A4,页边距上下为 2.3cm,左右为 2cm。

4. 打开实验素材中的文件"职业概述.docx",对文本按要求进行操作,并自定义样式。

(1) 设置章标题(第 1 章 职业概述)格式为:三号字、黑体、居中、段前后各 1.5 行,定义此段格式样式为"一级标题"。

(2) 设置节标题(1.1 职业概述)格式为四号字、楷体、加粗、左对齐、段前后各 1 行,定义此段格式样式为"二级标题"。

(3) 设置三级标题(1.1.1 职业的含义)格式为小四号字、宋体、加粗、左对齐,定义此格式样式为"三级标题"。

(4) 设置正文(除标题以外的文本)格式为五号字、宋体、左对齐、首行缩进 2 个字符,定义此段格式样式为"自定义正文"。

(5) 应用上面定义好的样式,为文档中其他相对应的标题和正文设置格式。

5. 以实验素材中的"收件人表.xlsx"为数据源,使用邮件合并向导创建信封,信封格式如图 9-1 所示。

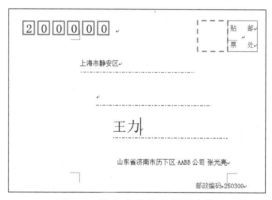

图 9-1 邮件合并生成信封文档

第 10 章　电子表格软件 Excel 2016 学习指导与习题

10.1　学习提要

10.1.1　学习目标与要求

(1) 掌握 Excel 2016 工作簿、工作表的基本操作。
(2) 熟练掌握工作表(单元格)的各种编辑操作。
(3) 掌握简单图表的创建方法。
(4) 掌握如何利用 Excel 2016 对工作表数据进行基本的管理。
(5) 掌握显示"开发工具"选项卡,宏的录制和宏的应用。
(6) 熟悉 Excel 2016 工作表的打印方法。

10.1.2　主要知识点

1. Excel 2016 的基本操作

(1) 工作簿文件的基本操作。
(2) 工作表的基本操作。

2. 工作表的编辑与格式化

(1) 数据的输入与编辑。单元格的选定,单元格、行和列的插入和删除,单元格数据的输入,自动填充数据,数据有效性设定,删除数据,复制、粘贴数据。
(2) 公式和函数的使用。常用运算符,单元格的引用,公式的输入,函数的使用,公式的复制和移动。
(3) 工作表的格式化操作。单元格格式的设置,条件格式的使用,自动套用格式。

3. 图表的使用

(1) 创建图表。
(2) 图表的格式化与编辑。

4. 数据管理

(1) 数据清单的使用。
(2) 数据的排序与筛选,简单排序、复杂排序,自动筛选、高级筛选。
(3) 分类汇总。简单分类汇总、嵌套分类汇总。

（4）数据透视表和数据透视图。

（5）宏的操作。"开发工具"选项卡，宏的录制，宏的应用。

5. 页面设置与打印

页面设置、打印预览与输出。

10.2 习题

10.2.1 单项选择题

1. Excel 2016 环境中，用来存储并处理工作表数据的文件，称为（　　）。
   A. 单元格　　　　B. 工作区　　　　C. 工作簿　　　　D. 工作表
2. Excel 2016 可同时打开的工作簿数量为（　　）。
   A. 256　　　　　　　　　　　　　B. 任意多
   C. 512　　　　　　　　　　　　　D. 受可用内存和系统资源的限制
3. Excel 2016 工作簿文件的扩展名为（　　）。
   A. docx　　　　B. txt　　　　　C. xlsx　　　　　D. xls
4. Excel 2016 中处理并存储数据的基本工作单位叫（　　）。
   A. 工作簿　　　B. 工作表　　　C. 单元格　　　　D. 活动单元格
5. 在 Excel 2016 的一个工作簿中，系统默认的工作表数是（　　）个。
   A. 8　　　　　　B. 16　　　　　C. 3　　　　　　　D. 任意多
6. 一个 Excel 工作表的大小为 65 536 行乘以（　　）列。
   A. 200　　　　　B. 256　　　　　C. 300　　　　　　D. 456
7. Excel 的主要功能是（　　）。
   A. 电子表格、文字处理、数据库管理　　B. 电子表格、网络通信、图表处理
   C. 工作簿、工作表、单元格　　　　　　D. 电子表格、数据库管理、图表处理
8. 全选按钮位于 Excel 窗口的（　　）。
   A. 工具栏中　　　　　　　　　　　B. 左上角，行号和列标在此相汇
   C. 编辑栏中　　　　　　　　　　　D. 底部，状态栏中
9. Excel 工作簿中既有一般工作表又有图表，当选择"文件"中的"保存文件"命令时，Excel 将（　　）。
   A. 只保存其中的工作表　　　　　　B. 只保存其中的图表
   C. 工作表和图表保存到同一文件中　　D. 工作表和图表保存到不同文件中
10. 打开 Excel 工作簿一般是指（　　）。
    A. 把工作簿内容从内存中读出，并显示出来
    B. 为指定工作簿开设一个新的、空的文档窗口
    C. 把工作簿的内容从外存储器读入内存，并显示出来

D. 显示并打印指定工作簿的内容

11. 在工作簿中移动和复制工作表,以下正确的是(   )。
    A. 工作表只能在所在工作簿内移动不能复制
    B. 工作表只能在所在工作簿内复制不能移动
    C. 工作表可以移动到其他工作簿内,不能复制到其他工作簿内
    D. 工作表可以移动到其他工作簿内,也可以复制到其他工作簿内

12. 在 Excel 的单元格内输入日期时,年、月、日分隔符可以是(   )(不包括引号)。
    A. "/"或"－"　　　B. "."或"|"　　　C. "/"或"\"　　　D. "\"或"－"

13. 在 Excel 中,当用户希望使标题位于表格中央时,可以使用对齐方式中的(   )。
    A. 置中　　　B. 合并及居中　　　C. 分散对齐　　　D. 填充

14. 在 Excel 2016 中,若对某工作表重新命名,可采用(   )。
    A. 单击工作表选项卡　　　　　B. 双击工作表选项卡
    C. 单击表格标题栏　　　　　　D. 双击表格标题栏

15. 在 Excel 工作表单元格的字符串超过该单元格的显示宽度时,下列叙述不正确的是(   )。
    A. 该字符串不可能占用其左侧单元格的显示空间全部显示出来
    B. 该字符串可能占用其右侧单元格的显示空间全部显示出来
    C. 该字符串可能只在其所在单元格的显示空间部分显示出来,多余部分被其右侧单元格中的内容覆盖
    D. 该字符串可能只在其所在单元格的显示空间部分显示出来,多余部分被删除

16. 工作表中表格大标题对表格居中显示的方法是(   )。
    A. 在标题行处于表格宽度居中位置的单元格输入表格标题
    B. 在标题行任一单元格输入表格标题,然后单击"居中"工具按钮
    C. 在标题行任一单元格输入表格标题,然后单击"合并及居中"工具按钮
    D. 在标题行处于表格宽度范围内的单元格中输入标题,选定标题行处于表格宽度范围内的所有单元格,然后单击"合并及居中"工具按钮

17. 在 Excel 中,不可作为数字描述使用的字符是(   )。
    A. e 或 E　　　B. %　　　C. f 或 F　　　D. /

18. 在 Excel 工作表单元格中输入合法的日期,下列输入中不正确的是(   )。
    A. 4/18/99　　　B. 1999-4-18　　　C. 4,18,1999　　　D. 1999/4/18

19. 在 Excel 工作表单元格中输入字符型数据 5118,下列输入中正确的是(   )。
    A. '5118　　　B. "5118　　　C. "5118"　　　D. '5118'

20. 如果要在单元格中输入当前的日期,需按快捷键(   )。
    A. Ctrl+;(分号)　　　B. Ctrl+Enter　　　C. Ctrl+:(冒号)　　　D. Ctrl+Tab

21. 设 A1 单元格中有公式"=SUM(B2:D5)",在 C3 单元格插入一列,再删除一行,则 A1 中的公式变为(   )。
    A. =SUM(B2:E4)　　　　　B. =SUM(B2:E5)
    C. =SUM(B2:D3)　　　　　D. =SUM(B2:E3)

22. 假定单元格内的数字为2002,将其格式设定为"#,##0.00",则显示为(　　)。
　　A. 2,002.00　　　B. 2.002　　　C. 2,002　　　D. 2002.0

23. 单元格A1为数值1,在B1输入公式"=IF(A1>0,"Yes","No")",结果B1为(　　)。
　　A. Yes　　　B. No　　　C. 不确定　　　D. 空白

24. 某个Excel工作表C列所有单元格的数据是利用B列相应单元格数据通过公式计算得到的,此时如果将该工作表B列删除,那么,删除B列操作对C列(　　)。
　　A. 不产生影响
　　B. 产生影响,但C列中的数据正确无误
　　C. 产生影响,C列中数据部分能用
　　D. 产生影响,C列中的数据失去意义

25. Excel 2016中提供的图表大致可以分为嵌入式图表和(　　)。
　　A. 柱形图图表　　B. 条形图图表　　C. 折线图图表　　D. 独立式图表

26. 关于创建图表,下列说法中错误的是(　　)。
　　A. 创建图表除了嵌入式图表、独立式图表之外,还可手工绘制
　　B. 嵌入式图表是将图表与数据同时置于一个工作表内
　　C. 独立式图表与数据分别安排在两个工作表中,故又称为独立式图表
　　D. 图表生成之后,可以对图表类型、图表元素等进行编辑

27. 在Excel 2016中创建嵌入式图表,需要用(　　)找到图表面板。
　　A. "开始"选项卡　　　　　　B. "图表"选项卡
　　C. "数据"选项卡　　　　　　D. "插入"选项卡

28. 在Excel中,对数据表做分类汇总前必须要先(　　)。
　　A. 按任意列排序　　　　　　B. 按分类列排序
　　C. 进行筛选操作　　　　　　D. 选中分类汇总数据

29. 在Excel中某个单元格中输入文字,若要文字能自动换行,可利用"单元格格式"对话框的(　　)选项卡,选择"自动换行"。
　　A. "数字"　　　B. "对齐"　　　C. "图案"　　　D. "保护"

30. 在Excel 2016中,利用填充柄可以将数据复制到相邻单元格中,若选择含有数值的左右相邻的两个单元格,拖动填充柄,则数据将以(　　)填充。
　　A. 等差数列　　B. 等比数列　　C. 左单元格数值　　D. 右单元格数值

31. 在Excel 2016中,运算符 & 表示(　　)。
　　A. 逻辑值的与运算　　　　　B. 子字符串的比较运算
　　C. 数值型数据的无符号相加　D. 字符型数据的连接

32. Excel 2016中,要在公式中使用某个单元格的数据时,应在公式中键入该单元格的(　　)。
　　A. 格式　　　B. 附注　　　C. 条件格式　　　D. 名称

33. 在Excel 2016公式复制时,为使公式中的(　　),必须使用绝对地址(引用)。
　　A. 单元格地址随新位置而变化　　B. 范围随新位置而变化

C. 范围不随新位置而变化　　　　　　D. 范围大小随新位置而变化

34. 在 Excel 2016 的数据清单中,若根据某列数据对数据清单进行排序,可以利用"数据"选项卡上的"降序"按钮,下列操作不正确的是(　　)。

　　A. 选取该列数据　　　　　　　　B. 选取整个数据清单
　　C. 单击该列数据中任一单元格　　D. 单击数据清单中任一单元格

35. 在 Excel 2016 数据清单中,按某一字段内容进行归类,并对每一类作出统计的操作是(　　)。

　　A. 分类排序　　　B. 分类汇总　　　C. 筛选　　　　D. 记录单处理

36. 用筛选条件"数学>65 与总分>250"对成绩数据表进行筛选后,在筛选结果中都是(　　)。

　　A. 数学分>65 的记录　　　　　　B. 数学分>65 且总分>250 的记录
　　C. 总分>250 的记录　　　　　　D. 数学分>65 或总分>250 的记录

37. Excel 2016 中,清除和删除的意义:(　　)。

　　A. 完全一样
　　B. 清除是指对选定的单元格和区域内的内容作清除,单元格依然存在;而删除则是将选定的单元格和单元格内的内容一并删除
　　C. 删除是指对选定的单元格和区域内的内容作清除,单元格依然存在;而清除则是将选定的单元格和单元格内的内容一并删除
　　D. 清除是指对选定的单元格和区域内的内容作清除,单元格的数据格式和附注保持不变;而删除则是将单元格和单元格数据格式和附注一并删除

38. 在 Excel 2016 中,关于公式"Sheet2!A1+A2"的表述正确的是(　　)。

　　A. 将工作表 Sheet2 中 A1 单元格的数据与本表单元格 A2 中的数据相加
　　B. 将工作表 Sheet2 中 A1 单元格的数据与单元格 A2 中的数据相加
　　C. 将工作表 Sheet2 中 A1 单元格的数据与工作表 Sheet2 中单元格 A2 中的数据相加
　　D. 将工作表中 A1 单元格的数据与单元格 A2 中的数据相加

39. 在 Excel 2016 中,公式"=SUM(B2,C2:E3)"的含义是(　　)。

　　A. =B2+C2+C3+D2+D3+E2+E3　　B. =B2+C2+E3
　　C. =B2+C2+C3+E2+E3　　　　　D. =B2+C2+C3+D2+D3

40. 在 Excel 2016 中,A5 单元格的值是 A3 单元格的值与 A4 单元格值之和的负数,则公式可写为(　　)。

　　A. =A3+A4　　B. =-A3-A4　　C. =A3+A4　　D. =-A3+A4

41. 在 Excel 2016 中,可以同时复制选定的数张工作表,方法是选定一个工作表,按住 Ctrl 键选定多个不相邻的工作表,然后放开 Ctrl 键将选定的工作表沿选项卡拖曳到新位置,松开鼠标,如果选定的工作表并不相邻,那么复制的工作表(　　)。

　　A. 仍会一起被插入新位置
　　B. 不能一起被插入新位置
　　C. 只有一张工作表被插入新位置

D. 出现错误信息

42. 在 Excel 2016 中,公式"COUNT(C2：E3)"的含义是( )。

   A. 计算区域 C2：E3 内数值的和

   B. 计算区域 C2：E3 内数值的个数

   C. 计算区域 C2：E3 内字符的个数

   D. 计算区域 C2：E3 内数值为 0 的个数

43. Excel 2016 中,在升序排序中,如果我们对某一列进行排序,那么在该列上有完全相同项的行将( )。

   A. 保持它们的原始次序   B. 逆序排列

   C. 显示出错信息   D. 排序命令被拒绝执行

44. 在 Excel 2016 中,运算符的作用是( )。

   A. 用于指定对操作数或单元格引用数据执行何种运算

   B. 对数据进行分类

   C. 将数据的运算结果赋值

   D. 在公式中必须出现的符号,以便操作

45. Excel 2016 工作表区域 A2：C4 中有( )个单元格。

   A. 3   B. 6   C. 9   D. 12

46. Excel 2016 拆分工作表的目的是( )。

   A. 把一个大的工作表分成两个或多个小的工作表

   B. 把工作表分成多个,以便于管理

   C. 使表的内容分开,分成明显的两部分

   D. 当工作表很大时,用户可以通过拆分工作表的方法看到工作表的不同部分

47. 在 Excel 2016 中,单元格中文本数据缺省的水平对齐方式为( )。

   A. 靠左对齐   B. 靠右对齐   C. 居中对齐   D. 两端对齐

48. 在 Excel 2016 升序中,在排序列中有空白单元格的行会( )。

   A. 不被排序   B. 保持原始次序

   C. 放置在排序的数据最前   D. 放置在排序的数据清单最后

49. 在 Excel 2016 工作表中,当前单元格的填充柄在其( )。

   A. 左上角   B. 右上角   C. 左下角   D. 右下角

50. 下列不属于 Excel 2016 基本功能的是( )。

   A. 文字处理   B. 强大的计算功能

   C. 表格制作   D. 丰富的图表和数据管理

51. 在 Excel 2016 中,可通过( )选项卡"格式"下拉菜单的"设定单元格格式"选项来改变数字的格式。

   A. "插入"   B. "公式"   C. "开始"   D. "数据"

52. 建立 Excel 2016 图表后,可以对图表进行改进,在图表上不能进行的改进是( )。

   A. 显示或隐藏 X/Y 轴的轴线

B. 改变图表各部分的比例,引起工作表数据的改变

　　　C. 为图表加边框和背景

　　　D. 为图表添加标题或为坐标轴加标题

53. 在 Excel 2016 中筛选后的清单仅显示那些包含了某一特定值或符合一组条件的行,而其他行(　　)。

　　　A. 暂时隐藏　　　　　　　　　　B. 被删除

　　　C. 被改变　　　　　　　　　　　D. 暂时放在剪贴板上,以便恢复

54. 在 Excel 2016 中,工作表和工作簿的关系是(　　)。

　　　A. 工作表即是工作簿　　　　　　B. 工作簿中可包含多张工作表

　　　C. 工作表中包含多个工作簿　　　D. 两者无关

55. 在 Excel 2016 默认建立的工作簿中,用户对工作表(　　)。

　　　A. 可以增加或删除　　　　　　　B. 不可以增加或删除

　　　C. 只能增加　　　　　　　　　　D. 只能删除

56. 在 Excel 2016 中,设 E 列单元格存放工资总额,F 列用以存放实发工资。其中当工资总额＞800 时,实发工资＝工资－(工资总额－800)＊税率;当工资总额≤800 时,实发工资＝工资总额。设税率＝0.05,则 F 列可用公式实现。其中 F2 的公式应为(　　)。

　　　A. ＝IF(E2＞800,E2－(E2－800)＊0.05,E2)

　　　B. ＝IF(E2＞800,E2,E2－(E2－800)＊0.05)

　　　C. ＝IF("E2＞800",E2－(E2－800)＊0.05,E2)

　　　D. ＝IF("E2＞800",E2,E2－(E2－800)＊0.05)

57. 在 Excel 2016 中,函数可以成为其他函数的(　　)。

　　　A. 变量　　　　B. 常量　　　　C. 公式　　　　D. 参数

58. 在 Excel 2016 工作簿中既有工作表又有图表,当执行"保存"命令时,则(　　)。

　　　A. 只保存工作表文件

　　　B. 只保存图表文件

　　　C. 分成两个文件来保存

　　　D. 将工作表和图表作为一个文件来保存

59. 在 Excel 2016 中,对工作表内容的操作就是针对具体(　　)的操作。

　　　A. 单元格　　　B. 工作表　　　C. 工作簿　　　D. 数据

60. 在 Excel 2016 中,设 A1 单元格内容为 2014-10-1,A2 单元格内容为 2,A3 单元格的内容为"＝A1＋A2",则 A3 单元格显示的数据为(　　)。

　　　A. 2016-10-1B　　B. 2014-12-1　　C. 2014-10-3　　D. 2014-10-12

61. 使用"高级筛选"命令对数据清单进行筛选时,在条件区域不同行中输入两个条件,它们之间的关系是(　　)。

　　　A. 逻辑非　　　B. 逻辑或　　　C. 逻辑与　　　D. 逻辑异或

62. 对数据清单进行分类汇总之前应该(　　)。

　　　A. 先按照分类字段对数据清单进行筛选

　　　B. 先对数据清单进行排序,但对排序字段没有要求

C. 先按照分类字段对数据清单进行排序

D. 没有特殊要求

63. 活动单元格的地址显示在(　　)内。

　　A. 工具栏　　　　B. 编辑栏　　　　C. 名称框　　　　D. 菜单栏

64. 公式中表示绝对单元格地址时使用(　　)符号。

　　A. A *　　　　　B. $　　　　　　C. #　　　　　　D. 都不对

65. 当向一个单元格粘贴数据时,粘贴数据(　　)单元格中原有的数据。

　　A. 取代　　　　　B. 加到　　　　　C. 减去　　　　　D. 都不对

66. 如果单元格的数太大显示不下时,一组(　　)显示在单元格内。

　　A. !　　　　　　B. ?　　　　　　C. #　　　　　　D. *

67. (　　)可以作为函数的参数。

　　A. 单元格　　　　B. 区域　　　　　C. 数　　　　　　D. 都可以

68. Excel 2016 能对多达(　　)个不同的字段进行排序。

　　A. 2　　　　　　B. 3　　　　　　C. 4　　　　　　D. 5

69. 选取"自动筛选"命令后,在清单上的(　　)出现下拉式按钮图标。

　　A. 列标题名处　　　　　　　　　　B. 所有单元格内

　　C. 空白单元格内　　　　　　　　　D. 底部

70. 要在一个单元格中输入数据,这个单元格必须是(　　)。

　　A. 空的　　　　　　　　　　　　　B. 必须定义为数据类型

　　C. 当前单元格　　　　　　　　　　D. 行首单元格

10.2.2 判断题

1. Excel 2016 中的工作簿是工作表的集合。　　　　　　　　　　　　　　(　　)
2. Excel 2016 中,图表一旦建立,其标题的字体、字形就不能改变了。　　(　　)
3. Excel 2016 中进行单元格复制时,无论单元格的内容是什么,复制出来的内容与原单元格总是完全一致。　　　　　　　　　　　　　　　　　　　　　　(　　)
4. Excel 2016 中新建的工作簿里不一定只有 3 个工作表。　　　　　　　(　　)
5. Excel 2016 中分类汇总后的数据清单不能恢复工作表的记录。　　　　(　　)
6. 在某单元格输入"2/5",按 Enter 键后显示 2/5。　　　　　　　　　　　(　　)
7. 在某单元格输入"=18+2",按 Enter 键后显示"20"。　　　　　　　　(　　)
8. Excel 2016 中,"="只能作为比较运算符使用。　　　　　　　　　　　(　　)
9. 要在某工作表的第 5 行上方插入 3 行,应先选定 5、6、7 三行。　　　(　　)
10. Excel 2016 中,单元格内可直接编辑,也可以设置单元格内不允许编辑。(　　)
11. Excel 2016 中,输入函数时,函数名区分大小写。　　　　　　　　　　(　　)
12. 函数 AVERAGE(A2/A5)表示求 A2、A3、A4、A5 单元格数据的平均值。

(　　)

13. 在 Excel 2016 中进行公式的复制时,绝对引用的单元格地址是不变的。(　　)

14. Excel 2016 中,单击"文件"选项卡的"打印"按钮,可以打开"打印"对话框。
( )
15. 工作表文件的扩展名是 xlsx。 ( )
16. 只选定一个单元格,不可以实现整行或整列的删除。 ( )
17. Excel 2016 中,混合引用的单元格,如果被复制到其他位置,其值一定发生变化。
( )
18. 在工作表中生成的嵌入式图表不能被单独打印。 ( )
19. 新建工作簿中,默认的工作表名为 Book1、Book2…… ( )
20. 数据清单是自动筛选,可以设置多个筛选条件,它们之间是逻辑或的关系。
( )

10.2.3 填空题

1. 工作表的单元格 C5 中有公式"＝＄B3＋C2",将 C5 单元格的公式复制到 D7 单元格内,则 D7 单元格内的公式是_____。

2. 电子表格由行列组成的_____构成,行与列交叉形成的格子称为_____,_____是 Excel 2016 中最基本的存储单位,可以存放数值、变量、字符、公式等数据。

3. 每个存储单元有一个地址,由_____与_____组成,如 A2 表示第_____列第_____行的单元格。

4. 公式是指由_____、_____、_____、_____及_____组成的序列,公式总是以_____开头。

5. 在数据编辑框中将显示三个工具按钮,"×"为_____,"√"为_____,"＝"为_____。

6. 公式被复制后,公式中参数的地址发生相应的变化称为_____;公式被复制后,参数的地址不发生变化称为_____;相对地址与绝对地址混合使用称为_____。

7. 当单元格宽度不够,无法以规定格式显示原始数值时,单元格会自动用_____填满。只要加大单元格宽度,数值即可显示出来。

8. 单元格内数据对齐方式的默认方式为文字靠_____对齐,数值靠_____对齐。逻辑与错误信息_____对齐。

9. 函数的一般格式为_____,在参数表中各参数间用_____分开,输入函数时前面要首先输入_____。

10. 在 Excel 2016 中,用黑色实线围住的单元格称为_____。

11. 单元格 C1＝＄A＄1＋B1,将公式复制到 C2 时,C2 的公式是_____。

12. 分类汇总就是对数据清单按某个字段进行分类,将_____的记录作为一类,进行求和、计数、求平均值等汇总统计。分类汇总钱,必须对汇总字段进行_____。

13. 自动筛选中,多个条件之间是_____关系;高级筛选中,多个条件之间除了可以是逻辑与的关系,还可以是_____关系。

14. Excel 2016 创建的图表有两种,分别是_____和_____。

10.2.4 操作题

1. 公式、函数练习。用图 10-1 中的原始数据,完成以下操作。

图 10-1 数据图(一)

	A	B	C	D	E	F	G
1	消费调查表						
2	调查编号	姓名	总收入(年)	花费(年)	消费比例	剩余	收入水平
3	1001	张玲玲	83734	42345			
4	1002	刘银彬	25428	12389			
5	1003	王永光	3184	488.6			
6	1004	刘杰	64932	12367			
7	1005	梁景丽	9356	5500			
8	1006	刘娟	3238	1456			
9	1007	董桦	24214	4589			
10	1008	赵葆光	8527	4367			
11	1009	赵子雄	13109	8790			
12	1010	陆清平	43954	3444			
13	1011	赵可忠	63109	34512			
14	1012	李天标	3107	435			
15	1013	李航	3213	3434			
16		平均值					

(1) 利用公式填充 E3 单元格,消费比例=花费/总收入。

(2) 利用公式填充 F3 单元格,剩余=总收入-花费。

(3) 利用函数计算总收入和花费的平均值,分别填入 C16 和 D16 单元格。

(4) 利用函数填充 G3 单元格。计算依据为:总收入大于或等于 30 000 的为"高收入";大于或等于 20 000 且小于 30 000 的为"中等收入";小于 20 000 的为"低收入"。

(5) 利用填充柄自动填充 E4:E15,F4:F15,G4:G15 单元格。

(6) 设置 C、D、F 列为货币格式显示,并左对齐。E 列保留 2 位小数。

2. 图表练习。对第 1 题中计算出来的收入水平进行统计,如图 10-2 所示,引用"高收入""中等收入""低收入"行数据创建饼图。要求显示图表标题、数据标签。

3. 综合练习 1。以图 10-3 中的数据为原始数据,它存放在工作表 Sheet1 中,完成以下操作:

图 10-2 数据图(二)

高收入	4
中等收入	2
低收入	7
总人数	13

图 10-3 数据图(三)

	A	B	C	D	E
1	某书店一天销售计算机类图书情况表				
2	出版社	图书系列	销售数量	销售单价	总销售额
3	人民	计算机文化基础	19	¥26	
4	人民	VB	16	¥35	
5	科学	VB	18	¥36	
6	高教	操作系统	20	¥38	
7	高教	VB	26	¥31	
8	清华	VC	18	¥46	
9	清华	计算机文化基础	30	¥28	
10	高教	VC	19	¥45	
11	人民	操作系统	28	¥36	
12	科学	计算机文化基础	50	¥25	

(1) 完成"总销售额"的计算。

(2) 在 A1 单元格中输入"某书店一天销售计算机类图书情况表",并设为黑体、蓝色、16 号字。

(3) 把第一行的"某书店一天销售计算机类图书情况表"合并居中(从 A 到 E 列)。

(4) 把 A、B、C 三列设为水平居中对齐、垂直居中对齐。

(5) 把"销售单价""总销售额"设成货币格式,都不保留小数位。

(6) 在 A 列前插入一列。

(7) 使用条件格式,对于销售数量大于或等于 20 的书,将其销售数量设为"浅红填充色深红色文本"。

(8) 给数据外面加上蓝色双线的边框,内部用黑色单线。

(9) 将数据以"出版社"升序排序。

(10) 将当前工作表复制到 Sheet2。

(11) 按"出版社"分别统计销售图书的总数。

(12) 将分类汇总得到的出版社销售总数量作为数据源,制作三维饼图标题为"出版社销售数量比例",图例靠上,数据标签显示百分比,背景填充"信纸"纹理,嵌入 Sheet1 的 F1:L15 区域。

(13) 在工作表 Sheet2 中,做高级筛选,筛选出图书系列是"计算机文化基础"或销售单价大于或等于 45 元的图书,将筛选结果放在 A14:E19 区域。

(14) 将 Sheet1 进行打印设置。要求:纸张方向为横向;页边距左右为 1.8cm、上 6.0cm、下 3.0cm,页面页脚 1.8cm;整个表格居中;页眉内容是"某书店一天销售计算机类图书情况表",且居中;页脚内容格式为"第 1 页 共 ? 页",居中对齐。查看打印预览。

4. 综合练习 2。对习题图 10-4 所示的工作表作如下操作:

	A	B	C	D	E	F	G	H
1	职工编号	姓名	性别	职称	基础工资	津贴	水电费	实发工资
2	199006	张力方	男	副教授	3480		160	
3	199801	靳德芳	女	讲师	2620		40	
4	199316	刘欣	女	教授	4190		180	
5	199806	李敏君	女	教授	4760		256	
6	199002	胡嘉	男	副教授	3300		205	
7	199310	许建国	男	教授	4470		188	
8	199013	王尚云	女	教授	4470		246	
9	199802	高金宇	男	副教授	3300		210	
10	199001	余建	男	高级工程师	2980		198	
11	199810	司马剑	男	工程师	2620		110	
12	200612	阿依古丽	女	讲师	2540		10	
13	199808	杨光	男	讲师	2620		35	
14	200605	齐雪	女	副教授	3210		35	

图 10-4 数据图(四)

(1) 利用公式以及公式的复制,计算每人的津贴,其金额为基础工资的 60%;再计算每人的实发工资;将以上结果复制到 Sheet2 和 Sheet3 各一份。

(2) 在 Sheet1 中第 1 行之前插入一个空白行,在 A1 单元格中输入字符串"职工工资表",设为隶书 22 磅,并跨 A1:H1 居中。

(3) 对 Sheet1 中的数据排序,设主要关键字为"性别"升序排列,第二关键字按"基础工资"升序排列。

(4) 对 Sheet1 中除标题之外的数据清单进行格式化:表格外框为粗线,内框为双线;第 2 行的文字方向为竖排,垂直和水平方向上均居中对齐,并加上粗线外边框;津贴、基础工资、水电费以及实发工资前显示"¥"货币符号。

(5) 在 Sheet1 中,利用胡嘉、高金宇、张力方三人的基础工资和津贴的数据,插入三维簇状柱形图表,并设置图表选项:加标题"职工工资津贴图表";数据标签显示值的大小;图例位于图表的右侧;整个图表填充"羊皮纸"纹理。将整个图表置于 Sheet1 中 A16:H32 的区域。

(6) 对 Sheet2 中的数据进行分类汇总,按"职称"统计人数,并按"职称"统计基础工资的平均值和津贴的平均值,结果保留 2 位小数,只显示汇总结果。

(7) 对 Sheet3 中的数据在 A15 开始的区域内作如样张所示数据透视表:职称为教授和副教授的教师,按"性别"统计基础工资的平均值,保留 2 位小数。

(8) 对 Sheet3 中的数据进行筛选,显示出女教授的信息。

(9) 对 Sheet1 进行如下页面设置,并打印预览:

① 纸张大小为 A4,表格打印设置为水平居中、垂直居中,上下边距为 1cm。

② 设置页眉为"职工工资表",格式为居中、粗体,页脚设置为当前日期,靠右放置;不打印网格线,但打印工作表的行号和列号。

第 11 章 演示文稿软件 PowerPoint 2016 学习指导与习题

11.1 学习提要

11.1.1 学习目标与要求

(1) 了解演示文稿软件 PowerPoint 2016 的基本概念,熟悉 PowerPoint 2016 的用户界面。
(2) 熟练掌握演示文稿文件的创建,幻灯片的编辑,幻灯片中文本的输入、编辑与格式化。
(3) 熟练掌握表格、图表、图片、公式、音频与视频等各种对象的插入、编辑与格式化。
(4) 掌握幻灯片主题的使用,掌握主题颜色、字体、效果的编辑,以及背景样式的设置,掌握幻灯片母版的使用方法。
(5) 掌握幻灯片切换的定义和动画效果的使用,掌握超链接和动作按钮的设置与编辑。
(6) 掌握幻灯片多种放映方式的使用,了解演示文稿的多种输出方式。

11.1.2 主要知识点

1. PowerPoint 2016 演示文稿软件概述

(1) PowerPoint 2016 的用户界面。
(2) 演示文稿的基本操作:创建、编辑、格式化、保存。

2. 幻灯片的制作

(1) 幻灯片的插入、复制、移动、删除、隐藏、显示、放大缩小、更改顺序等操作。
(2) 幻灯片中文本的输入、编辑与格式化。
(3) 表格、图表、图片、公式、音频与视频等各种对象的插入、编辑与格式化。
(4) 幻灯片主题的使用,主题颜色、字体、效果的编辑,背景样式的设置,幻灯片母版的使用方法。

3. 幻灯片动态效果

(1) 设置幻灯片切换效果。
(2) 设置幻灯片对象的动画效果。

4. 演示文稿的放映和输出

(1) 幻灯片多种放映方式的应用。

(2) 演示文稿的多种输出方式。

11.2 习题

11.2.1 单项选择题

1. 保存演示文稿时,默认的扩展名是(   )。
   A. docx   B. pptx   C.wpsx   D. xlsx
2. 在当前演示文稿中要插入一张新幻灯片,不可以采用(   )方式。
   A. 选择"开始"选项卡中的"新建幻灯片"命令
   B. 在浏览窗格中选中某幻灯片后按 Enter 键
   C. 在某幻灯片上右击,选择"新建幻灯片"
   D. 选择"插入"选项卡中的"幻灯片"命令
3. 标题幻灯片之后的第一张幻灯片的默认版式是(   )。
   A. 空白   B. 内容与标题   C. 标题与内容   D. 仅标题
4. PowerPoint 2016 与 Word 2016 相比,不是其特有的区域的是(   )。
   A. 备注栏   B. 状态栏   C. 幻灯片编辑区   D. 视图区
5. 如果要播放演示文稿,可以使用(   )。
   A. 普通视图   B. 幻灯片浏览视图
   C. 阅读视图   D. 幻灯片放映视图
6. 在下列各项中,(   )不能删除幻灯片。
   A. 在"幻灯片视图"下,选择要删除的幻灯片,单击"编辑"→"删除幻灯片"菜单命令
   B. 在"幻灯片浏览视图"下,选中要删除的幻灯片,按 Delete 键
   C. 在"大纲视图"下,选中要删除的幻灯片,按 Delete 键
   D. 在"阅读视图"下,选择要删除的幻灯片,按 Delete 键
7. 在下列各项中,可以对多个幻灯片进行选择、移动、复制、删除等编辑操作的是(   )。
   A. 幻灯片浏览   B. 备注页   C. 幻灯片放映   D. 幻灯片母版
8. 要在选定的幻灯片中输入文字,应(   )。
   A. 直接输入文字
   B. 先单击占位符,然后输入文字
   C. 先删除占位符中的系统显示的文字,然后输入文字
   D. 先删除占位符,然后输入文字
9. 在 PowerPoint 2016 中,下列说法正确的是(   )。
   A. 只有在"普通"视图中才能插入新幻灯片
   B. 只有在"大纲"视图中才能插入新幻灯片

C. 只有在"幻灯片浏览"视图中才能插入新幻灯片

D. 上述3种方法都可以

10. 在"幻灯片浏览"视图中,单击选定不连续的多个幻灯片时,需要按住(　　)键。

  A. Shift   B. Alt   C. Ctrl   D. Delete

11. 在"幻灯片浏览"视图中,用鼠标拖动复制幻灯片时,需要按住(　　)键。

  A. Ctrl   B. Alt   C. Shift   D. Esc

12. 在"幻灯片浏览视图"中,不能进行的操作是(　　)。

  A. 删除幻灯片   B. 移动幻灯片   C. 编辑幻灯片内容   D. 设置放映方式

13. 在PowerPoint 2016中,不能改变幻灯片顺序的视图是(　　)视图。

  A. 幻灯片   B. 普通   C. 大纲   D. 幻灯片放映

14. 在PowerPoint 2016中,能编辑修改幻灯片内容的视图是(　　)视图。

  A. 幻灯片母版   B. 备注页   C. 大纲   D. 幻灯片放映

15. 在空白幻灯片中不能直接插入(　　)。

  A. 文本框   B. 文字   C. 艺术字   D. 表格

16. 要在演示文稿中插入公式,可以使用下列(　　)打开"公式编辑器"。

  A. "插入"选项卡中的命令   B. "开始"选项卡中的命令

  C. "文件"选项卡中的命令   D. "视图"选项卡中的命令

17. 在下列各项中,(　　)不能控制幻灯片外观的一致。

  A. 母版   B. 模板   C. 背景   D. 幻灯片视图

18. 下面不是PowerPoint 2016主题的包含的内容的是(　　)。

  A. 颜色   B. 切换   C. 字体   D. 背景

19. 下列关于组合的说法中,正确的是(　　)。

  A. 幻灯片中所有的对象都可以组合

  B. 标题和文本占位符可以组合

  C. 表格、图形、图片、文本框可以组合

  D. 图形、图片、公式、文本框可以组合

20. 在演示文稿中,在插入超级链接中所链接的目标,不能是(　　)。

  A. 另一个演示文稿   B. 同一演示文稿的某一张幻灯片

  C. 其他应用程序的文档   D. 幻灯片中的某个对象

21. 利用PowerPoint 2016的(　　)功能,可以给幻灯片配上解说。

  A. 自定义动画   B. 自定义放映   C. 幻灯片切换   D. 录制旁白

22. 一个演示文稿,如果演讲者需要根据不同观众展示不同的内容,可以采用(　　)。

  A. 自定义动画   B. 自定义放映   C. 排练计时   D. 录制旁白

23. 要使某张幻灯片与其母版不同,以下说法正确的是(　　)。

  A. 这是不可能的   B. 可以设置该幻灯片不使用母版

  C. 可以直接修改幻灯片   D. 可以重新设置母版

24. 与Word 2016相比,PowerPoint 2016中的文本的最大特色是(　　)。

A. 可以设置颜色 B. 作为图形对象
C. 可以设置字体 D. 可以设置字号

25. 不可改变幻灯片的放映次序的是( )。
A. 插入超链接 B. 自定义放映
C. 使用动作按钮 D. 录制旁白

26. 如果要从最后一张幻灯片返回到第一张幻灯片,应使用( )功能。
A. 自定义动画 B. 动作设置 C. 幻灯片切换 D. 排练计时

27. 在幻灯片的"动作设置"对话框中设置的链接对象不允许是( )。
A. 另一个演示文稿 B. 下一张幻灯片
C. 一个应用程序 D. 幻灯片中的某个对象

28. 下述对幻灯片中的对象进行动画设置的正确描述是( )。
A. 幻灯片中的对象一旦进行动画设置就不可以改变
B. 幻灯片中一个对象只能设置一个动画效果
C. 设置动画时不可以改变对象出现的先后次序
D. 幻灯片中各对象设置的动画效果可以不同

29. 在演示文稿中,关于超链接的下列说法正确的是( )。
A. 幻灯片中不能设置超链接
B. 只能在幻灯片放映时才能跳转到超链接目标
C. 在幻灯片编辑状态不能跳转到超链接目标
D. 不管在幻灯片的编辑状态还是在幻灯片放映时均能跳转到超链接目标

30. 设置幻灯片放映时间的命令是( )。
A. "幻灯片放映"选项卡中的"预设动画"命令
B. "视图"选项卡中的"幻灯片母版"命令
C. "幻灯片放映"菜单中的"排练计时"命令
D. "插入"选项卡中的"日期和时间"命令

31. 在 PowerPoint 2016 中,打印幻灯片时,一张 A4 纸最多可打印( )张幻灯片。
A. 任意 B. 3 C. 5 D. 9

32. 使用( ),可以给打印的每张幻灯片都加边框。
A. "插入"选项卡中的"文本框"命令
B. "绘图"工具栏中的"矩形"按钮
C. "文件"菜单中的"打印"命令
D. "格式"菜单中的"颜色和线条"

33. 幻灯片放映过程中,右击,选择"指针选项"中的"绘图笔"命令,在讲解过程中可以进行写画,其结果是( )。
A. 对幻灯片进行了修改
B. 没有对幻灯片进行修改
C. 写画的内容留在了幻灯片上,下次放映时还会显示出来
D. 写画的内容可以保存起来,以便下次放映时显示出来

34. 不准备放映的幻灯片,可以使用(　　)选项卡中的"隐藏幻灯片"命令将其隐藏。
    A. 视图　　　　B. 文件　　　　C. 幻灯片放映　　　D. 开始

35. 在下列菜单中,可以找到"幻灯片母版"命令的是(　　)。
    A. "文件"选项卡　　　　　　　　B. "插入"选项卡
    C. "视图"选项卡　　　　　　　　D. "设计"选项卡

36. 在PowerPoint 2016中,下列关于音频的说法中正确的是(　　)。
    A. 在幻灯片中插入声音后,会显示一个喇叭图标
    B. 在PowerPoint 2016中,可以录制声音
    C. 在幻灯片中插入剪贴画音频后,放映时会自动播放
    D. 以上3种说法都正确

37. 要退出幻灯片放映,应按(　　)。
    A. Enter键　　　B. Esc键　　　C. Delete键　　　D. Ctrl键

38. 在幻灯片放映过程中,要返回上一张幻灯片,下列操作错误的是(　　)。
    A. 按PgUp键　　B. 按Space键　　C. 按BackSpace键　D. 按↑键

39. 要让演示文稿从第一张幻灯片开始放映的正确操作是(　　)。
    A. 选择"幻灯片放映"选项卡中的"从头开始"命令
    B. 按快捷键Shift+F5
    C. 单击主窗口右下角的"幻灯片放映"按钮
    D. 上述三种操作均正确

40. 要让演示文稿从当前幻灯片开始放映的正确操作是(　　)。
    A. 单击水平滚动条左端的"幻灯片放映"按钮
    B. 按F5键
    C. 选择"幻灯片放映"选项卡中的"从头开始"命令
    D. 上述三种操作均正确

41. 李老师制作完成了一个带有动画效果的PowerPoint 2016教案,她希望在课堂上可以按照自己讲课的节奏自动播放,最优的操作方法是(　　)。
    A. 为每张幻灯片设置特定的切换持续时间,并将演示文稿设置为自动播放
    B. 在练习过程中,利用"排练计时"功能记录合适的幻灯片切换时间,然后播放即可
    C. 根据讲课节奏,设置幻灯片中每个对象的动画时间,以及每张幻灯片的自动换片时间
    D. 将PowerPoint 2016教案另存为视频文件

42. 若需在PowerPoint 2016演示文稿的每张幻灯片中添加包含单位名称的水印效果,最优的操作方法是(　　)。
    A. 制作一个带单位名称的水印背景图片,然后将其设置为幻灯片背景
    B. 添加包含单位名称的文本框,并置于每张幻灯片的底层
    C. 在幻灯片母版的特定位置放置包含单位名称的文本框
    D. 利用PowerPoint 2016插入"水印"功能实现

43. 邱老师在学期总结 PowerPoint 2016 演示文稿中插入了一个 SmartArt 图形,她希望将该 SmartArt 图形的动画效果设置为逐个形状播放,最优的操作方法是(   )。

   A. 为该 SmartArt 图形选择一个动画类型,然后进行适当的动画效果设置

   B. 只能将 SmartArt 图形作为一个整体设置动画效果,不能分开指定

   C. 先将该 SmartArt 图形取消组合,然后为每个形状依次设置动画

   D. 先将该 SmartArt 图形转换为形状,然后取消组合,再为每个形状依次设置动画

44. 小江在制作公司产品介绍的 PowerPoint 2016 演示文稿时,希望每类产品可以通过不同的演示主题进行展示,最优的操作方法是(   )。

   A. 为每类产品分别制作演示文稿,每份演示文稿均应用不同的主题

   B. 为每类产品分别制作演示文稿,每份演示文稿均应用不同的主题,然后将这些演示文稿合并

   C. 在演示文稿中选中每类产品所包含的所有幻灯片,分别为其应用不同的主题

   D. 通过 PowerPoint 2016 中的"主题分布"功能,直接应用不同的主题

45. 设置 PowerPoint 2016 演示文稿中的 SmartArt 图形动画,要求一个分支形状展示完成后再展示下一分支形状内容,最优的操作方法是(   )。

   A. 将 SmartArt 动画效果设置为"整批发送"

   B. 将 SmartArt 动画效果设置为"一次按级别"

   C. 将 SmartArt 动画效果设置为"逐个按分支"

   D. 将 SmartArt 动画效果设置为"逐个按级别"

46. 在 PowerPoint 2016 演示文稿中通过分节组织幻灯片,如果要求一节内的所有幻灯片切换方式一致,最优的操作方法是(   )。

   A. 分别选中该节的每一张幻灯片,逐个设置其切换方式

   B. 选中该节的一张幻灯片,然后按住 Ctrl 键,逐个选中该节的其他幻灯片,再设置切换方式

   C. 选中该节的第一张幻灯片,然后按住 Shift 键,单击该节的最后一张幻灯片,再设置切换方式

   D. 单击节标题,再设置切换方式

47. 可以在 PowerPoint 2016 同一窗口显示多张幻灯片,并在幻灯片下方显示编号的视图是(   )。

   A. 普通视图 B. 幻灯片浏览视图

   C. 备注页视图 D. 阅读视图

48. 针对 PowerPoint 2016 幻灯片中图片对象的操作,描述错误的是(   )。

   A. 可以在 PowerPoint 2016 中直接删除图片对象的背景

   B. 可以在 PowerPoint 2016 中直接将彩色图片转换为黑白图片

   C. 可以在 PowerPoint 2016 中直接将图片转换为铅笔素描效果

   D. 可以在 PowerPoint 2016 中将图片另存为 PSD 文件格式

49. 如需将 PowerPoint 2016 演示文稿中的 SmartArt 图形列表内容通过动画效果一

次性展现出来,最优的操作方法是( )。

    A. 将 SmartArt 动画效果设置为"整批发送"

    B. 将 SmartArt 动画效果设置为"一次按级别"

    C. 将 SmartArt 动画效果设置为"逐个按分支"

    D. 将 SmartArt 动画效果设置为"逐个按级别"

50. 在 PowerPoint 2016 演示文稿中通过分节组织幻灯片,如果要选中某节内的所有幻灯片,最优的操作方法是( )。

    A. 按快捷键 Ctrl+A

    B. 选中该节的一张幻灯片然后按住 Ctrl 键,然后选中该节的其他幻灯片

    C. 选中该节的第一张幻灯片,然后按住 Shift 键,单击该节的最后一张幻灯片

    D. 单击节标题

51. 小梅需将 PowerPoint 演示文稿内容制作成一份 Word 版本讲义,以便后续可以灵活编辑及打印,最优的操作方法是( )

    A. 将演示文稿另存为"大纲/RTF 文件"格式,然后在 Word 中打开

    B. 在 PowerPoint 中利用"创建讲义"功能,直接创建 Word 讲义

    C. 将演示文稿中的幻灯片以粘贴对象的方式一张张复制到 Word 文档中

    D. 切换到演示文稿的"大纲"视图,将大纲内容直接复制到 Word 文档中

52. 小刘正在整理公司各产品线介绍的 PowerPoint 演示文稿,因幻灯片内容较多,不易于对各产品线演示内容进行管理。快速分类和管理幻灯片的最优操作方法是( )。

    A. 将演示文稿拆分成多个文档,按每个产品线生成一份独立的演示文稿

    B. 为不同的产品线幻灯片分别指定不同的设计主题,以便浏览

    C. 利用自定义幻灯片放映功能将每个产品线定义为独立的放映单元

    D. 利用节功能,将不同的产品线幻灯片分别定义为独立节

53. 在 PowerPoint 中可以通过多种方法创建一张新幻灯片,下列操作方法错误的是( )。

    A. 在普通视图的幻灯片缩略图窗格中,定位光标后按 Enter 键

    B. 在普通视图的幻灯片缩略图窗格中右击,从快捷菜单中选择"新建幻灯片"命令

    C. 在普通视图的幻灯片缩略图窗格中定位光标,从"开始"选项卡上单击"新建幻灯片"按钮

    D. 在普通视图的幻灯片缩略图窗格中定位光标,从"插入"选项卡上单击"幻灯片"按钮

54. 如果希望每次打开 PowerPoint 演示文稿时,窗口中都处于幻灯片浏览视图,最优的操作方法是( )。

    A. 通过"视图"选项卡上的"自定义视图"按钮进行指定

    B. 每次打开演示文稿后,通过"视图"选项卡切换到幻灯片浏览视图

    C. 每次保存并关闭演示文稿前,通过"视图"选项卡切换到幻灯片浏览视图

D. 在后台视图中,通过高级选项设置用幻灯片浏览视图打开全部文档

55. 小马正在制作有关员工培训的新演示文稿,他想借鉴自己以前制作的某个培训文稿中的部分幻灯片最优的操作方法是(　　)。

  A. 将原演示文稿中有用的幻灯片一一复制到新文稿

  B. 放弃正在编辑的新文稿,直接在原演示文稿中进行增加、删除、修改,并另行保存

  C. 通过"重用幻灯片"功能将原文稿中有用的幻灯片引用到新文稿中

  D. 单击"插入"选项卡中的"对象"按钮,插入原文稿中的幻灯片

56. 在 PowerPoint 演示文稿中利用"大纲"窗格组织排列幻灯片中的文字时,输入幻灯片标题后进入下一级文本输入状态的最快捷方法是(　　)。

  A. 按 Ctrl + Enter 组合键

  B. 按 Shift + Enter 组合键

  C. 按 Enter 键后,从右键菜单中选择"降级"

  D. 按 Enter 键后,再按 Tab 键

57. 销售员小李手头有一份公司新产品介绍的 Word 文档,为了更加形象地向客户介绍公司新产品的特点,他需要将 Word 文档中的内容转换成 PPT 演示文稿进行播放。为了顺利完成文档的转换,以下最优的操作方法是(　　)。

  A. 新建一个 PPT 演示文稿文件,然后打开 Word 文档,将文档中的内容逐一复制粘贴到 PPT 的幻灯片中

  B. 将 Word 文档打开,切换到大纲视图,然后新建一个 PPT 文件,使用"开始"选项卡下"幻灯片"功能组中的"新建幻灯片"按钮下拉列表中的"幻灯片(从大纲)",将 Word 内容转换成 PPT 文档中的每页幻灯片

  C. 将 Word 文档打开,切换到大纲视图,然后选中 Word 文档中作为 PPT 每页幻灯片标题的内容,将大纲级别设置为 1 级,将 Word 文档中作为 PPT 每页内容的文本的大纲级别设置为 2 级,最后使用"开始"选项卡下"幻灯片"功能组中的"新建幻灯片"按钮下拉列表中的"幻灯片(从大纲)",将 Word 内容转换成 PPT 文档中的每一页幻灯片

  D. 首先确保 Word 文档未被打开,然后新建一个 PPT 文件,单击"插入"选项卡下"文本"功能组中的"对象"按钮,从弹出的对话框中选择"由文件创建",单击"浏览"按钮,选择需要插入的 Word 文件,最后单击"确定"按钮,将 Word 内容转换成 PPT 文档中的每一页幻灯片

58. 如需在 PowerPoint 演示文档的一张幻灯片后增加一张新幻灯片,最优的操作方法是(　　)。

  A. 执行"文件"后台视图的"新建"命令

  B. 执行"插入"选项卡中的"插入幻灯片"命令

  C. 执行"视图"选项卡中的"新建窗口"命令

  D. 在普通视图左侧的幻灯片缩略图中按 Enter 键

59. 在 PowerPoint 演示文稿普通视图的幻灯片缩略图窗格中,需要将第 3 张幻灯片在其后面再复制一张,最快捷的操作方法是(　　)。

A. 用鼠标拖动第 3 张幻灯片到第 3、4 张幻灯片之间时按住 Ctrl 键并放开鼠标

B. 按住 Ctrl 键再用鼠标拖动第 3 张幻灯片到第 3、4 张幻灯片之间

C. 右击第 3 张幻灯片并选择"复制幻灯片"命令

D. 选择第 3 张幻灯片并通过复制、粘贴功能实现复制

60. 在使用 PowerPoint 2016 制作的演示文稿中,多数页面中都添加了备注信息。现在需要将这些备注信息删除,以下最优的操作方法是(   )。

A. 打开演示文稿文件,逐一检查每页幻灯片的备注区,若有备注信息,则将备注信息删除

B. 单击"视图"选项卡下"母版视图"功能组中的"备注母版"按钮,打开"备注母版"视图,在该视图下删除备注信息

C. 单击"文件"选项卡下"信息"选项下的"检查问题"按钮,从下拉列表中选择"检查文档"选项,弹出"文档检查器"对话框,勾选"演示文稿备注"复选框,然后单击"检查"按钮。检查完成后单击"演示文稿备注"右侧的"全部删除"按钮

D. 单击"视图"选项卡下"演示文稿视图"功能组中的"备注页"按钮,切换到"备注页"视图,在该视图下逐一删除幻灯片中的备注信息

61. PowerPoint 2016 演示文稿的首张幻灯片为标题版式幻灯片,要从第 2 张幻灯片开始插入编号,并使编号值从 1 开始,正确的方法是(   )。

A. 直接插入幻灯片编号,并勾选"标题幻灯片中不显示"复选框

B. 从第 2 张幻灯片开始,依次插入文本框,并在其中输入正确的幻灯片编号值

C. 首先在"幻灯片大小"对话框中将幻灯片编号的起始值设置为 0,然后插入幻灯片编号,并勾选"标题幻灯片中不显示"复选框

D. 首先在"幻灯片大小"对话框中将幻灯片编号的起始值设置为 0,然后插入幻灯片编号

62. 在 PowerPoint 普通视图中编辑幻灯片时,需将文本框中的文本级别由第二级调整为第三级,最优的操作方法是(   )。

A. 在文本最右边添加空格形成缩进效果

B. 当光标位于文本最右边时按 Tab 键

C. 在段落格式中设置文本之前缩进距离

D. 当光标位于文本中时,单击"开始"选项卡中的"提高列表级别"按钮

63. 小吕在利用 PowerPoint 2016 制作旅游风景简介演示文稿时插入了大量的图片,为了减小文档体积以便通过邮件方式发送给客户浏览,需要压缩文稿中图片的大小,最优的操作方法是(   )。

A. 直接利用压缩软件来压缩演示文稿

B. 先在图形图像处理软件中调整每个图片的大小,再重新替换到演示文稿中

C. 在 PowerPoint 中通过调整缩放比例、剪裁图片等操作来减小每张图片的大小

D. 直接通过 PowerPoint 提供的"压缩图片"功能压缩演示文稿中图片的大小

64. 某市委宣传部准备制作一份主要由图片构成的、介绍本地风景名胜的 PowerPoint 演示文稿,组织和管理大量图片的最有效方法是(   )。

A. 直接在幻灯片中依次插入图片并进行适当排列和修饰

B. 通过插入相册功能制作包含大量图片的演示文稿

C. 通过分节功能来组织和管理包含大量图片的幻灯片

D. 先在幻灯片母版中排列好图片占位符,然后在幻灯片中逐个插入图片

65. 在一个 PPT 演示文稿的一页幻灯片中,有两个图片文件,其中图片 1 把图片 2 覆盖住了,若要设置为图片 2 覆盖住图片 1,以下最优的操作方法是(　　)。

A. 选中图片 1,右击,选择"置于顶层"

B. 选中图片 2,右击,选择"置于底层"

C. 选中图片 1,右击,选择"置于顶层/上移一层"

D. 选中图片 2,右击,选择"置于顶层/上移一层"

66. 在 PowerPoint 中关于表格的叙述,错误的是(　　)。

A. 在幻灯片浏览视图模式下,不可以向幻灯片中插入表格

B. 只要将光标定位到幻灯片中的表格,立即出现"表格工具"选项卡

C. 可以为表格设置图片背景

D. 不能在表格单元格中插入斜线

67. 将 Excel 工作表中的数据粘贴到 PowerPoint 中,当 Excel 中的数据内容发生改变时,保持 PowerPoint 中的数据同步发生改变,以下最优的操作方法是(　　)。

A. 使用"复制"→"粘贴"→"使用目标主题"

B. 使用"复制"→粘贴"→"保留原格式"

C. 使用"复制"→"选择性粘贴"→"粘贴"→"Microsoft 工作表对象"

D. 使用"复制"→"选择性粘贴"→"粘贴链接"→"Microsoft 工作表对象"

68. 陈秘书在利用 PowerPoint 制作演示文稿的过程中,需要将一组已输入的文本转换为相应的 SmartArt 图形,最优的操作方法是(　　)。

A. 先插入指定的 SmartArt 图形,然后通过"剪切/粘贴"功能将每行文本逐一移动到每个图形中

B. 先插入指定的 SmartArt 图形,选择全部文本并通过"剪切/粘贴"功能将其一次性移动到"文本窗格"中

C. 选中文本,在"插入"选项卡中的"插图"组中单击 SmartArt 按钮

D. 选中文本,通过右键快捷菜单中的"转换为 SmartArt 图形"命令进行转换

69. 在一个利用 SmartArt 图形制作的流程图中共包含四个步骤,现在需要在最前面增加一个步骤,最快捷的操作方法是(　　)。

A. 在文本窗格的第一行文本前按 Enter 键

B. 选择图形中的第一个形状,然后按 Enter 键

C. 选择图形中的第一个形状,从"设计"选项卡中选择"添加形状"命令

D. 在图形中的第一个形状前插入一个文本框,然后和原图形组合在一起

70. 小姚在 PowerPoint 中制作了一个包含四层的结构层次类 SmartArt 图形,现在需要将其中一个三级图形改为二级,最优的操作方法是(　　)。

A. 选中这个图形,从"SmartArt 工具"→"设计"选项卡中的"创建图形"组中选择"上移"

B. 选中这个图形,从"SmartArt 工具"→"设计"选项卡中的"创建图形"组中选择"升级"

C. 将光标定位在"文本窗格"中的对应文本上,然后按 Tab 键

D. 选中这个图形,从"SmartArt 工具"→"格式"选项卡中的"排列"组中选择"上移一层"

71. 小李利用 PowerPoint 制作一份学校简介的演示文稿,他希望将学校外景图片铺满每张幻灯片,最优的操作方法是( )。

    A. 在幻灯片母版中插入该图片,并调整大小及排列方式

    B. 将该图片文件作为对象插入全部幻灯片中

    C. 将该图片作为背景插入并应用到全部幻灯片中

    D. 在一张幻灯片中插入该图片,调整大小及排列方式,然后复制到其他幻灯片

72. 小明利用 PowerPoint 制作一份考试培训的演示文稿,他希望在每张幻灯片中添加包含"样例"文字的水印效果,最优的操作方法是( )。

    A. 通过"插入"选项卡中的"插入水印"功能输入文字并设定版式

    B. 在幻灯片母版中插入包含"样例"二字的文本框,并调整其格式及排列方式

    C. 将"样例"二字制作成图片,再将该图片作为背景插入并应用到全部幻灯片中

    D. 在一张幻灯片中插入包含"样例"二字的文本框,然后复制到其他幻灯片

73. 小郑通过 PowerPoint 2016 制作公司宣传片时,在幻灯片母版中添加了公司徽标图片。现在他希望放映时暂不显示该徽标图片,最优的操作方法是( )。

    A. 在幻灯片母版中,插入一个以白色填充的图形框遮盖该图片

    B. 在幻灯片母版中通过"格式"选项卡中的"删除背景"功能删除该徽标图片,放映过后再加上

    C. 选中全部幻灯片,设置隐藏背景图形功能后再放映

    D. 在幻灯片母版中,调整该图片的颜色、亮度、对比度等参数直到其变为白色

74. 在 PowerPoint 中制作演示文稿时,希望将所有幻灯片中标题的中文字体和英文字体分别统一为微软雅黑、Arial,正文的中文字体和英文字体分别统一为仿宋、Arial,最优的操作方法是( )。

    A. 在幻灯片母版中通过"字体"对话框分别设置占位符中的标题和正文字体

    B. 在一张幻灯片中设置标题、正文字体,然后通过格式刷应用到其他幻灯片的相应部分

    C. 通过"替换字体"功能快速设置字体

    D. 通过自定义主题字体进行设置

75. 小周正在为 PowerPoint 2016 演示文稿增加幻灯片编号,他希望调整该编号位于所有幻灯片右上角的同一位置,且格式一致,最优的操作方法是( )。

    A. 在幻灯片浏览视图中,选中所有幻灯片后通过"插入"→"页眉和页脚"功能插入幻灯片编号并统一选中后调整其位置与格式

    B. 在普通视图中,选中所有幻灯片后通过"插入"→"幻灯片编号"功能插入编号并统一选中后调整其位置与格式

    C. 在普通视图中,先在一张幻灯片中通过"插入"→"幻灯片编号"功能插入编号并调整其位置与格式后,然后将该编号占位符复制到其他幻灯片中

D. 在幻灯片母版视图中,通过"插入"→"幻灯片编号"功能插入编号并调整其占位符的位置与格式

76. 在使用 PowerPoint 2016 放映演示文稿的过程中,要使已经单击访问过的超链接的字体颜色自动变为红色,正确的方法是(　　)。

　　A. 新建主题字体,将已访问的超链接颜色设置为红色
　　B. 设置名为"行云流水"的主题效果
　　C. 设置名为"行云流水"的主题颜色
　　D. 新建主题颜色,将已访问的超链接的颜色设置为红色

77. 一份演示文稿文件共包含 10 页幻灯片,现在需要设置每页幻灯片的放映时间为 10 秒,且播放时不包含最后一张致谢幻灯片,以下最优的操作方法是(　　)。

　　A. 在"幻灯片放映"选项卡下的"设置"功能组中,单击"排练计时"按钮,设置每页幻灯片的播放时间为 10 秒,且隐藏最后一张幻灯片
　　B. 在"切换"选项卡下的"计时"功能组中,勾选"设置自动换片时间"复选框,并设置时间为 10 秒,然后单击"幻灯片放映"选项卡下"设置"功能组中的"设置幻灯片放映"按钮,设置放映幻灯片 1 至 9
　　C. 在"切换"选项卡下的"计时"功能组中,勾选"设置自动换片时间"复选框,并设置时间为 10 秒,然后单击"幻灯片放映"选项卡下"开始放映幻灯片"功能组中的"自定义幻灯片放映"按钮,设置包含幻灯片 1 至 9 的放映方案,最后播放该方案
　　D. 在"幻灯片放映"选项卡下的"设置"功能组中,单击"录制幻灯片演示"按钮,设置每页幻灯片的播放时间为 10 秒,然后单击"幻灯片放映"选项卡下"开始放映幻灯片"功能组中的"自定义幻灯片放映"按钮,设置包含幻灯片 1 至 9 的放映方案,最后播放该方案

11.2.2　判断题

1. 可以通过编辑 PowerPoint 演示文稿中的母版来统一修改演示文稿中的所有幻灯片。　　　　　　　　　　　　　　　　　　　　　　　　　　　　(　　)
2. 通过在 PowerPoint 幻灯片中设置动作,不可以控制幻灯片的放映次序。　(　　)
3. 超链接可以从幻灯片中的某个对象直接跳转到另一个对象。　　　　(　　)
4. 能够使用鼠标控制演示文稿的播放,但不能使用键盘控制播放。　　(　　)
5. 在普通视图下,可以同时显示幻灯片、大纲和备注。　　　　　　　(　　)
6. 插入声音文件后,PowerPoint 会在幻灯片的正中央显示一个声音图标。(　　)
7. 在 PowerPoint 的备注窗格中,用户可以添加与观众共享的备注信息。(　　)
8. 用 PowerPoint 制作出来的演示文稿不可以同时包含动画和视频。　　(　　)
9. 利用 PowerPoint 制作幻灯片时,如果要输入大量文字,使用大纲视图最为方便。
　　　　　　　　　　　　　　　　　　　　　　　　　　　　　　(　　)
10. PowerPoint 里,一个占位符中不能同时输入文字和图片。　　　　(　　)

11. 当某张幻灯片处于隐藏状态时,选定幻灯片再次单击"隐藏幻灯片"按钮,则表示继续隐藏。（　　）

12. PowerPoint 里,母版中插入的图片,在幻灯片上无法删除。（　　）

13. 文本框里面的文本内容可以在大纲视图里显示。（　　）

14. PowerPoint 里应用主题以后,只能使用系统自带的配色方案。（　　）

15. 在"母版视图"中,修改母版的定义,所有与母版相关的版式都会被修改。（　　）

16. 使用"排练计时"的时间进行幻灯片放映时,用户无法干预放映。（　　）

17. 在"母版视图"中,可以任意删除其中的版式。（　　）

18. 幻灯片中的一个对象只能添加一种动画效果。（　　）

19. 使用自定义动画设置动画效果时,可以根据需要随意改变各对象的播放顺序。（　　）

20. 在幻灯片中插入一个音频后,该音频的播放范围只能是本张幻灯片。（　　）

21. 一张幻灯片只能定义一种切换效果。（　　）

22. 当不同幻灯片的多个对象采用相同的动画效果时,可以使用"动画刷"实现。（　　）

23. 使用"插入超链接"对话框,可以打开一个程序文件。（　　）

24. 打印幻灯片范围设置为"5-9,15,23-"表示需要打印的是编号为第 5～第 9,第 15,第 23 的幻灯片。（　　）

11.2.3　填空题

1. 使用 PowerPoint 2016 创建的文档称为_____,其文件扩展名为_____。

2. PowerPoint 的"插入"选项卡与 Word 的相比,多了一个_____组,可以插入_____和_____。

3. 在 PowerPoint 2016 中,如果在文本占位符中出现输入文字占满整个窗口的情况,会在占位符左下侧自动产生一个_____按钮,其默认的选项是_____。

4. 演讲者常常需要针对不同的观众展示不同的内容,在这种情况下,可以利用 PowerPoint 提供的_____功能。

5. PowerPoint 2016 提供的母版有 3 种,分别是_____、_____和_____。

6. 设置幻灯片背景格式时,若要将新的设置应用于当前幻灯片,应单击_____按钮;若单击"全部应用"按钮,则新的设置将应用于_____。

7. 可以对一个或多个幻灯片进行移动、复制、删除等操作,但不能对某个幻灯片内容进行编辑的视图是_____。

8. PowerPoint 的动态效果分为两类,一类是幻灯片本身的出现效果,称为_____;另一类是幻灯片上的各种对象的出现方式,称为_____。

9. 要设置演示文稿的放映方式,可以通过_____选项卡中的_____命令来实现。

10. 若将某个图片插入_____中,该图片就会自动出现在演示文稿的所有幻灯片中。

11. 在打印幻灯片时,如果希望在一张纸上打印多张幻灯片,应该在打印对话框的打印内容下选择_____选项。

12. 在 PowerPoint 2016 中,如果想插入一张与前一张幻灯片一模一样的幻灯片,可以选择"新建幻灯片"窗格中的_____命令。

13. 在 PowerPoint 的幻灯片版面上,有一些带有文字提示的虚框,这些虚框称为_____。

14. 插入新幻灯片的快捷键是_____,从头开始放映幻灯片的快捷键是_____,从当前幻灯片开始放映的快捷键是_____。

15. PowerPoint 处于幻灯片的放映状态时,按_____键可以退出放映。

11.2.4 简答题

1. 在 PowerPoint 2016 中,占位符的文本与文本框中的文本在使用中有什么区别?
2. 占位符的"自动调整选项"按钮都有哪些选项?分别有什么含义?
3. 在 PowerPoint 2016 中,主题和母版的作用是什么?二者有何不同?
4. 在 PowerPoint 2016 中实现动态效果的方法有哪些?
5. 在 PowerPoint 2016 中有哪些方法可以实现超链接?可以超链接到哪些对象?
6. 在 PowerPoint 2016 中幻灯片的放映方式有哪些?分别在什么情况下使用?

11.2.5 操作题

按下列要求创建不少于 5 张幻灯片的演示文稿:

1. 在第 1 张幻灯片上建立演示文稿的标题。
2. 在第 2 张幻灯片上建立内容提要或目录。
3. 在后面的幻灯片中对自己的家乡、母校和本人情况等进行介绍。要求有文字、表格和图片。
4. 通过第 2 张幻灯片与后面的各张幻灯片建立链接关系。
5. 在第 1 张幻灯片中插入一个声音文件,播放时可通过单击播放音乐。
6. 将幻灯片内的对象设置为不同的动画效果。
7. 每个幻灯片之间设置为不同的切换方式。
8. 将演示文稿设置为循环放映方式。

第 12 章　多媒体技术学习指导与习题

12.1　学习提要

12.1.1　学习目标与要求

(1) 理解与多媒体技术相关的基本概念。
(2) 了解多媒体计算机系统的硬件和软件组成。
(3) 熟悉各种多媒体信息处理技术。
(4) 了解多媒体技术的应用情况和应用领域。
(5) 了解常用的多媒体播放工具。

12.1.2　主要知识点

1. 多媒体的概念和特点

(1) 多媒体的概念和形式。
(2) 多媒体技术的基本概念、特点、应用领域。
(3) 流媒体的概念、传输技术。

2. 多媒体计算机系统的组成

(1) 硬件组成。
(2) 软件组成。

3. 多媒体信息处理技术

(1) 音频处理技术。模拟声音数字化过程,各种常用的音频文件类型。
(2) 图形和图像处理技术。图形、图像的概念,图像的数字化过程,JPEG 压缩编码技术,常见的图像文件格式。
(3) 视频处理技术。视频的基本概念,视频信息数字化,视频数据压缩标准 MPEG,各种视频文件格式。

4. 常用的多媒体开发软件和多媒体播放软件

Authorware、Flash、暴风影音等。

12.2 习题

12.2.1 单项选择题

1. 多媒体的关键特性主要包括信息载体的多样化、交互性和（　　）。
   A. 活动性　　　　B. 可视性　　　　C. 规范化　　　　D. 集成性
2. 以下（　　）不是数字图形、图像的常用文件格式。
   A. .bmp　　　　B. .txt　　　　C. .gif　　　　D. .jpg
3. 多媒体计算机系统中，内存和光盘属于（　　）。
   A. 感觉媒体　　　　B. 传输媒体　　　　C. 表现媒体　　　　D. 存储媒体
4. 媒体是指（　　）。
   A. 表示和传播信息的载体　　　　B. 各种信息的编码
   C. 计算机输入与输出的信息　　　　D. 计算机屏幕显示的信息
5. 用（　　）可将图片输入计算机。
   A. 绘图仪　　　　B. 数码照相机　　　　C. 键盘　　　　D. 鼠标
6. 目前多媒体计算机中对动态图像数据压缩常采用（　　）。
   A. JPEG　　　　B. GIF　　　　C. MPEG　　　　D. BMP
7. 多媒体技术发展的基础是（　　）。
   A. 数字化技术和计算机技术的结合　　　　B. 数据库与操作系统的结合
   C. CPU 的发展　　　　D. 通信技术的发展
8. 具有多媒体功能的计算机上常用 CD-ROM 作为外存储器，它是（　　）。
   A. 随机存储器　　　　B. 可擦写光盘　　　　C. 只读光盘　　　　D. 硬盘
9. 多媒体计算机是指（　　）。
   A. 能处理声音的计算机
   B. 能处理图像的计算机
   C. 能进行文本、声音、图像等多种媒体处理的计算机
   D. 能进行通信处理的计算机
10. 在多媒体系统中，最适合存储声、图、文等多媒体信息的是（　　）。
    A. 软盘　　　　B. 硬盘　　　　C. CD-ROM　　　　D. ROM
11. （　　）不是多媒体中的关键技术。
    A. 光盘存储技术　　　　B. 信息传输技术
    C. 视频信息处理技术　　　　D. 声音信息处理技术
12. 只读光盘 CD-ROM 的存储容量一般为（　　）。
    A. 1.44MB　　　　B. 512MB　　　　C. 4.7GB　　　　D. 650MB
13. 下面属于多媒体的关键特性是（　　）。
    A. 实时性　　　　B. 交互性　　　　C. 分时性　　　　D. 独占性

14. 下面（　　）不是播放 CD 上影视节目的必需设备。
    A. 软驱　　　　　B. 音频卡　　　　　C. 视频卡　　　　　D. CD-ROM
15. 超文本技术提供了另一种对多媒体对象的管理形式,它是一种（　　）的信息组织形式。
    A. 非线性　　　　B. 抽象性　　　　　C. 线性　　　　　　D. 曲线性
16. 多媒体计算机系统的两大组成部分是（　　）。
    A. 多媒体器件和多媒体主机
    B. 音箱和声卡
    C. 多媒体输入设备和多媒体输出设备
    D. 多媒体计算机硬件系统和多媒体计算机软件系统
17. 光驱中的单倍速是指读写的速度是（　　）/s,其他的倍速是把倍速的数字与它相乘。
    A. 300kB　　　　B. 150kB　　　　　C. 1MB　　　　　　D. 10MB
18. 从多媒体硬件的发展来看,未来多媒体卡的主要功能都会集成到（　　）。
    A. 计算机显卡　　B. 计算机主板　　　C. 计算机内存　　　D. 硬盘存储器
19. 多媒体制作过程中,不同媒体类型的数据收集需要不同的设备和技术手段,动画一般通过（　　）。
    A. 字处理软件　　B. 视频卡采集　　　C. 声卡剪辑　　　　D. 专用绘图软件
20. 视频信息的最小单位是（　　）。
    A. 比率　　　　　B. 帧　　　　　　　C. 赫兹　　　　　　D. 位
21. 下面（　　）不是计算机多媒体系统具有的特征。
    A. 媒体的多样性　　　　　　　　　　B. 数字化和影视化
    C. 集成性和交互性　　　　　　　　　D. 形式的专一性
22. 同样一块差不多大小的光盘,存储信息量最大的（　　）光盘。
    A. LV　　　　　　B. VCD　　　　　　C. DVD　　　　　　D. CD-DA
23. 多媒体计算机中的媒体信息是指（　　）。
    A. 数字、文字　　B. 声音、图形　　　C. 动画、视频　　　D. 上述所有信息
24. 计算机中显示器、彩电等成像显示设备是根据（　　）三色原理生成的。
    A. RVG(红黄绿)　　　　　　　　　　B. WRG(白红绿)
    C. RGB(红绿蓝)　　　　　　　　　　D. CMY(青品红黄)
25. 多媒体的特性判断,以下（　　）属于多媒体的范畴。
    A. 有声图书　　　B. 彩色画报　　　　C. 文本文件　　　　D. 立体声音乐
26. 多媒体技术未来的发展方向是（　　）。
    A. 高分辨率,高速度化　　　　　　　B. 简单化,便于操作
    C. 智能化,提高信息识别能力　　　　D. 以上全部
27. 在数字音频信息获取与处理过程,下述正确的顺序是（　　）。
    A. A/D 变换,采样,压缩,存储,解压缩,D/A 变换
    B. 采样,压缩,A/D 变换,存储,解压缩,D/A 变换

C. 采样,A/D 变换,压缩,存储,解压缩,D/A 变换
D. 采样,D/A 变换,压缩,存储,解压缩,A/D 变换

28. 彩色打印机生成的各种颜色是用( )三色相减模型组成。
    A. RVG(红黄绿)   B. WRG(白红绿)
    C. RGB(红绿蓝)   D. CMY(青品红黄)

29. 反映多媒体计算机中彩色画面的分量是( )。
    A. YUV   B. RGB   C. HIS   D. YIQ

30. 以下( )不是常用的声音文件格式。
    A. JPEG 格式   B. WAV 格式   C. MIDI 格式   D. VOC 格式

31. 音频卡是按( )分类的。
    A. 采样方法   B. 声道数   C. 采样量化位数   D. 压缩方式

32. 下面( )不是衡量数据压缩技术性能的重要指标。
    A. 压缩化   B. 算法复杂度   C. 恢复效果   D. 标准化

33. 下面( )不是图像和视频编码的国际标准。
    A. JPEG   B. MPEG-1   C. ADPCM   D. MPEG-2

34. 图像序列中的两幅相邻图像,后一幅图像与前一幅图像之间有较大的相关,这是( )。
    A. 视觉冗余   B. 空间冗余   C. 信息熵冗余   D. 时间冗余

35. DVD 动态图像标准是指( )。
    A. MPEG-1   B. JPEG   C. MPEG-4   D. MPEG-2

36. 把普通个人计算机变成多媒体个人计算机要采用的关键技术是( )。
    A. 视频、音频信号的获取技术和输出技术
    B. 多媒体数据压缩编码和解码技术
    C. 视频、音频的实时处理和特技
    D. 以上全部

37. 下面配置中,( )不是多媒体个人计算机必不可少的。
    A. CD-ROM 驱动器   B. 高质量的音频卡
    C. 高分辨率的图像,图形显示   D. 高质量的视频采集卡

38. WinZip 是一个( )软件。
    A. 压缩和解压缩   B. 压缩   C. 解压缩   D. 安装工具

39. JPEG 是( )图像压缩编码标准。
    A. 静态   B. 动态   C. 点阵   D. 矢量

40. MPEG 是数字存储( )图像压缩编码和伴音编码标准。
    A. 静态   B. 动态   C. 点阵   D. 矢量

41. ( )不是用来播放多媒体的软件。
    A. 千千静听   B. Windows 7 中自带的播放软件
    C. Real Player   D. Authorware

42. 专门的图形图像设计软件是( )。

A. Photoshop　　　B. ACDSee　　　C. HyperSnap-DX　　　D. WinZip

43. 看图软件是（　　）。
    A. Photoshop　　　B. ACDSee　　　C. HyperSnap-DX　　　D. WinZip

44. 静止压缩图像标准是（　　）。
    A. JPG　　　B. MPEG-1　　　C. MPEG-2　　　D. JPEG

45. 多媒体信息不包括（　　）。
    A. 音频、视频　　　B. 声卡、光盘　　　C. 动画、影像　　　D. 文字、图像

46. 流媒体是采用数据流，（　　）的播放形式。
    A. 实时传送，实时播放　　　B. 先下载，后观看
    C. 先观看，后下载　　　D. 不用下载，直接观看

47. 多媒体个人计算机的英文缩写是（　　）。
    A. VCD　　　B. APC　　　C. DVD　　　D. MPC

48. Authorware 是一种多媒体（　　）。
    A. 操作系统　　　B. 编辑与创作工具
    C. 数据库　　　D. 应用软件

49. 扫描仪可扫描（　　）。
    A. 黑白和彩色图片　　　B. 黑白图片
    C. 彩色图片　　　D. 位图文件形成图片

50. 目前广泛使用的触摸技术属于（　　）。
    A. 工程技术　　　B. 多媒体技术　　　C. 电子技术　　　D. 传输技术

12.2.2 填空题

1. 常见的多媒体有文本、_____、_____、_____、_____和动画等多种形式。

2. 目前常用的流媒体文件格式有_____、_____、_____等。

3. 图像数字化的过程包括_____、_____、_____。

4. 图像压缩分为_____和_____两种：前者又称为冗余度压缩，对图像中的重复信息进行压缩；后者通过去掉图像细节来压缩图像。

5. 模拟声音信号数字化的过程包括_____、_____、_____。

12.2.3 简答题

1. 什么是多媒体？什么是多媒体技术？
2. 什么是声音的采样和量化？
3. 简述什么是 JPEG 编码和 MPEG 编码。
4. 常见的视频文件格式有哪些？
5. 常见的音频文件格式有哪些？

第 13 章 软件开发技术学习指导与习题

13.1 学习提要

13.1.1 学习目标与要求

(1) 了解算法和数据结构的相关概念,理解各种线性结构和树的概念、特点和算法,掌握选择排序的基本算法和改进型算法。

(2) 了解程序设计风格的要求、结构化程序设计的特点和基本方法以及面向对象程序设计的特点和基本方法。

(3) 理解软件工程的概念,了解需求分析方法、软件设计的方法及过程以及软件测试和程序调试的方法和过程。

13.1.2 主要知识点

1. 算法与数据结构

(1) 算法的概念,算法的 5 个性质和算法的量度。
(2) 数据结构的概念,表示方法,顺序结构与非顺序结构。
(3) 线性表的逻辑结构,线性表的顺序存储与链式存储,双链表与循环链表,栈和队列。
(4) 树和二叉树的逻辑结构,二叉树的 5 个性质和 3 种遍历方法。
(5) 查找的作用,两个查找的基本方法:顺序查找与二分法查找。
(6) 排序的作用,简单插入排序和希尔排序,简单选择排序和堆排序,冒泡排序和快速排序。

2. 程序设计基础

(1) 良好的程序设计风格,源程序文档化,数据说明原则,语句构造原则,输入输出原则。
(2) 结构化程序设计的原则。有 3 种程序结构:顺序、分支与循环。
(3) 面向对象程序设计。

3. 软件工程

(1) 软件的概念和特点,软件危机与软件工程,软件工程过程与生命周期。
(2) 需求分析的概念,需求分析的过程、方法与成果。

(3) 软件设计的内容,基本原理,概要设计与详细设计。

(4) 软件测试的准则,软件测试方法,白盒测试与黑盒测试,软件测试的过程与实施。

4. 程序的调试

程序调试的作用,调试的过程,调试的方法。

13.2 习题

13.2.1 单项选择题

1. 下列数据结构中,能用二分法进行查找的是( )。
   A. 顺序存储的有序线性表   B. 线性链表
   C. 无序双链表   D. 有序线性链表

2. 下列关于栈的描述正确的是( )。
   A. 在栈中只能插入元素而不能删除元素
   B. 在栈中只能删除元素而不能插入元素
   C. 栈是特殊的线性表,只能在一端插入或删除元素
   D. 栈是特殊的线性表,只能在一端插入元素,而在另一端删除元素

3. 下列关于队列的叙述中正确的是( )。
   A. 队列中任意位置可以插入数据
   B. 在队列中的任意位置可以删除数据
   C. 队列是先进先出的线性表
   D. 队列是先进后出的线性表

4. 一棵二叉树中共有 8 个叶子结点与 11 个度为 1 的节点,则该二叉树中的总节点数为( )。
   A. 27   B. 26   C. 28   D. 无法计算

5. 下列关于栈的叙述中正确的是( )。
   A. 在栈中任意位置可以插入数据   B. 在栈中任意位置可以删除数据
   C. 栈是先进先出的线性表   D. 栈是先进后出的线性表

6. 一个二叉树先序遍历的顺序为 ABDCE,中序遍历的顺序为 BDACF,则其后序遍历的顺序为( )。
   A. ABDCE   B. DEBCA   C. DBFCA   D. 无法确定

7. 一棵深度为 5 的完全二叉树中,至少有( )个节点。
   A. 31   B. 16   C. 28   D. 无法确定

8. 下列叙述中正确的是( )。
   A. 一个算法的空间复杂度大,则其时间复杂度也必定大
   B. 一个算法的空间复杂度大,则其时间复杂度必定小

C. 一个算法的时间复杂度大,则其空间复杂度必定小

D. 上述3种说法都不对

9. 在长度为200的有序线性表中进行顺序查找,最坏情况下需要比较的次数为(　　)。

　　A. 100　　　　B. 200　　　　C. 199　　　　D. 9

10. 在待排序的元素序列基本有序的前提下,效率最高的排序方法是(　　)。

　　A. 冒泡排序　　B. 选择排序　　C. 快速排序　　D. 归并排序

11. 如果进栈序列为 A、B、C、D,则可能的出栈序列是(　　)。

　　A. A,D,B,C　　B. D,C,B,A　　C. B,D,A,C　　D. 任意顺序

12. 对于长度为 n 的线性表,在最坏情况下,下列各排序法所对应的比较次数中正确的是(　　)。

　　A. 冒泡排序为 n　　　　　　　B. 冒泡排序为 $n/2$

　　C. 快速排序为 $n/2$　　　　　　D. 快速排序为 $n(n-1)/2$

13. 在一个长度为21的线性顺序表中插入一个数据,假设在任一位置上插入数据的概率相同,则平均需要移动(　　)个数据。

　　A. 10.5　　　　B. 21　　　　C. 4　　　　D. 无法确定

14. 用链表表示线性表的优点是(　　)。

　　A. 便于随机存取

　　B. 花费的存储空间较顺序存储少

　　C. 便于插入和删除操作

　　D. 数据元素的物理顺序与逻辑顺序相同

15. 以下数据结构中不属于线性数据结构的是(　　)。

　　A. 队列　　　　B. 线性表　　　　C. 二叉树　　　　D. 栈

16. 下面描述中,不符合结构化程序设计风格的是(　　)。

　　A. 使用顺序、选择和重复(循环)3种基本控制结构表示程序的控制逻辑

　　B. 注重提高程序的可读性

　　C. 注重提高程序的可扩展性

　　D. 使用goto语句

17. 结构化程序设计的一种基本方法是(　　)。

　　A. 筛选法　　　B. 递归法　　　C. 归纳法　　　D. 逐步求精法

18. 在结构化程序设计中,模块划分的原则是(　　)。

　　A. 各模块应包括尽量多的功能

　　B. 各模块的规模应尽量大

　　C. 各模块之间的联系应尽量紧密

　　D. 模块内具有高内聚度,模块间具有低耦合度

19. 在面向对象方法中,依靠(　　)实现信息隐蔽。

　　A. 对象的继承　　B. 对象的多态　　C. 对象的封装　　D. 对象的分类

20. 下面概念中,不属于面向对象方法的是(　　)。

　　A. 对象　　　　B. 继承　　　　C. 类　　　　D. 过程调用

21. 在软件设计中,不属于过程设计工具的是(　　)。
    A. PDL　　　　　B. PAD　　　　　C. N-S 图　　　　D. DFD
22. 软件需求分析阶段的工作,可以分为4方面:需求获取、需求分析、编写需求规格说明书以及(　　)。
    A. 阶段性报告　　B. 需求评审　　　C. 总结　　　　　D. 以上都不正确
23. 下列选项中不属于结构化程序设计方法的是(　　)。
    A. 自顶向下　　　B. 逐步求精　　　C. 模块化　　　　D. 可复用
24. 从工程管理角度,软件设计一般分为两步完成,它们是(　　)。
    A. 概要设计与详细设计　　　　　　B. 数据设计与接口设计
    C. 软件结构设计与数据设计　　　　D. 过程设计与数据设计
25. 下列叙述中,不属于结构化分析方法的是(　　)。
    A. 面向数据流的结构化分析方法
    B. 面向数据结构的 Jackson 方法
    C. 面向数据结构的结构化数据系统开发方法
    D. 面向对象的分析方法
26. 下列叙述中正确的是(　　)。
    A. 软件测试应该由程序开发者来完成
    B. 程序经调试后一般不需要再测试
    C. 软件维护只包括对程序代码的维护
    D. 以上 3 种说法都不对
27. 在数据流图(DFD)中,带有名字的箭头表示(　　)。
    A. 数据的流向　　　　　　　　　　B. 模块之间的调用关系
    C. 控制程序的执行顺序　　　　　　D. 程序的组成成分
28. (　　)是需求分析最终成果。
    A. 项目开发计划　　　　　　　　　B. 需求规格说明书
    C. 设计说明书　　　　　　　　　　D. 可行性分析报告
29. (　　)检查软件产品是否符合需求定义。
    A. 验证测试　　　B. 集成测试　　　C. 确认测试　　　D. 验收测试
30. 下面不属于软件设计原则的是(　　)。
    A. 抽象　　　　　B. 模块化　　　　C. 自底向上　　　D. 信息隐蔽

13.2.2　填空题

1. 沃森提出"程序=＿＿＿＿＋＿＿＿＿"。
2. 衡量算法的标准包括＿＿＿＿、可读性、健壮性和＿＿＿＿。
3. 数据结构通常可以使用一个二元组进行描述:Data_Struct=(D,R),其中 D 表示＿＿＿＿,R 表示＿＿＿＿。

4. 根据数据结构中各元素之间前后件关系的表现形式，可以将数据结构分为两大类，分别是_____和_____。

5. 线性表中每个元素最多有_____前件，最多有_____后件。

6. 规定只能在表的末尾进行插入和删除操作的特殊线性表称为_____；允许一端插入，另外一端删除的特殊线性表称为_____。

7. 深度为 k 的二叉树最多有_____个节点，最少有_____个节点。

8. 已知二叉树先序遍历顺序为 ABDC，中序遍历顺序为 BDAC，则其后序遍历顺序为_____。

9. 若线性表为无序表或者采用链式存储，则进行查找时应采用_____方法查找；若线性表为有序顺序表，则可以采用_____方法查找。

10. 目前已知最有效的排序方法是_____。

11. 结构化程序设计的主要原则包括_____、_____和_____。

12. 结构化程序设计的基本结构包括_____、_____和_____。

13. 面向对象程序设计的优点包括更符合人类习惯的思维方法、_____、_____、易于开发大型软件产品、可维护性好。

14. 面向对象的特点包括_____、_____和_____。

15. 根据应用目标的不同，软件可分为_____、_____和支撑软件（或工具软件）。

16. 软件工程有 3 个要素是_____、_____和_____。

17. 软件工程通常包括 4 种基本活动，分别是 P(plan)——_____、D(do)——_____、C(check)——_____ 和 A(action)——_____。

18. _____是需求分析阶段的最终成果，是软件开发的最重要文档之一。

19. 数据流图是结构化分析方法中用于建立系统逻辑模型的一种工具。它以图形的方式描绘数据在系统中流动和处理的过程，其中→和□分别表示_____和_____。

20. 模块独立性是评价软件设计优劣的重要指标，好的模块独立性要求_____和_____。

21. 概要设计阶段的 4 项基本任务包括设计软件系统结构、_____、_____评审。

22. 测试的方法有很多，根据测试时软件是否需要执行，可以分为_____和_____；根据是否检查软件的内部结构，可以分为_____和_____。

23. 白盒测试主要的方法有_____和_____。

24. 黑盒测试的常用方法有_____、_____和_____。

25. 软件测试是一个连续的过程，需要经过_____、_____、_____和_____4 个步骤。

13.2.3 简答题

1. 什么是算法？算法的五要素是什么？

2. 线性表有哪两种基本存储方式？它们各自的优缺点是什么？
3. 基本的查找算法有哪两种？各自对查找表有什么要求？哪种效率更高？
4. 各种排序算法在最坏情况下，各自的比较次数是多少？
5. 如何形成良好的程序风格？
6. 结构化程序设计的主要原则是什么？
7. 软件工程的三要素是什么？如何理解它们？
8. 软件概要设计的准则是什么？
9. 试比较白盒测试与黑盒测试。

第 14 章　信息安全技术学习指导与习题

14.1　学习提要

14.1.1　学习目标与要求

(1) 掌握信息安全的概念与内容。
(2) 掌握计算机网络安全技术的概念与内容。
(3) 掌握计算机病毒的定义与特征,了解计算机病毒的危害。

14.1.2　主要知识点

1. 信息安全

(1) 信息安全的概念。
(2) 安全攻击的类型。

2. 计算机网络安全

(1) 计算机网络安全的概念。
(2) 数字签名技术。
(3) 防火墙技术。

3. 计算机病毒与防范

(1) 计算机病毒的概念。
(2) 计算机病毒的特性。
(3) 计算机病毒的危害。
(4) 计算机病毒的防治策略。

14.2　习题

14.2.1　单项选择题

1. 计算机网络安全技术是指保障网络信息系统安全的方法,(　　)是保护数据在网络传输过程中不被窃听、篡改或伪造的技术,它是信息安全的核心技术。

A. 访问控制技术　　　　　　　　　B. 加密技术
C. 数字签名　　　　　　　　　　　D. 防火墙技术

2. 计算机病毒感染的原因是（　　）。
A. 与外界交换信息时感染　　　　　B. 因硬件损坏而被感染
C. 在增添硬件设备时感染　　　　　D. 因操作不当感染

3. 计算机病毒是指（　　）。
A. 带细菌的磁盘　　　　　　　　　B. 已损坏的磁盘
C. 具有破坏性的特制程序　　　　　D. 被破坏了的程序

4. （　　）不是计算机病毒的特点。
A. 传染性　　　　B. 潜伏性　　　　C. 破坏性　　　　D. 偶然性

5. Internet病毒主要通过（　　）途径传播。
A. U盘　　　　　B. 网络　　　　　C. 光盘　　　　　D. Word文档

6. 防火墙能够（　　）。
A. 防范通过它的恶意连接
B. 防备新的网络安全问题
C. 防范恶意的知情者
D. 完全防止传送已被病毒感染的软件和文件

7. 发现计算机病毒后，比较彻底的清除方式是（　　）。
A. 用查毒软件处理　　　　　　　　B. 删除磁盘文件
C. 用杀毒软件处理　　　　　　　　D. 格式化磁盘

8. 描述数字信息的接收方能够准确地验证发送方身份的技术术语是（　　）。
A. 加密　　　　　B. 对称加密　　　C. 解密　　　　　D. 数字签名

9. 计算机病毒最根本的属性是（　　）。
A. 传染性　　　　B. 流行性　　　　C. 欺骗性　　　　D. 危害性

10. 反病毒软件（　　）。
A. 可以清除任何病毒　　　　　　　B. 可以清除未知病毒
C. 只能清除已知病毒　　　　　　　D. 可以防止和清除任何病毒

14.2.2　判断题

1. 任何病毒都是一种破坏性程序，所以任何程序使用年限过长，经衰变都有可能退化成病毒。（　　）
2. 只要不在计算机上玩游戏，就不会受到计算机病毒的威胁。（　　）
3. 软件研制部门采用设计病毒的方式惩罚非法复制软件行为是不妥的，也是法律不允许的。（　　）
4. 每一种计算机病毒都会传染任何类型计算机系统中的所有程序。（　　）
5. 计算机安全防范中最重要的是定期进行数据备份。（　　）

6. 从技术上讲,计算机病毒起源于计算机本身和操作系统的公开性与脆弱性。
( )
7. 计算机病毒按工作机理可以分为引导型病毒、入侵型病毒、操作系统型病毒、文件型病毒和外壳型病毒等。 ( )
8. 计算机病毒不能通过电子邮件传播。 ( )
9. 信息安全的管理依靠行政手段即可实现。 ( )
10. 只要安装了正版的杀毒软件,就可以查杀所有计算机病毒。 ( )

14.2.3 填空题

1. 蠕虫病毒的前缀是_____。
2. 计算机病毒不易被发现和察觉,是因为它具有_____和_____。
3. 信息安全的基本属性包括_____、_____、_____、_____和_____。
4. 信息安全内容涉及_____和_____两方面。
5. 在_____加密法中,加密和解密使用同一密钥。
6. 对网上传输的电子报文进行签名确认的一种方式称为_____。

第 15 章　计算机发展新技术学习指导与习题

15.1　学习提要

15.1.1　学习目标与要求

（1）了解大数据的基本概念。
（2）掌握大数据技术的 4 个基本特征。
（3）了解大数据处理的基本流程。
（4）了解大数据的相关技术。
（5）了解云计算的概念。
（6）掌握云计算的基本特征。
（7）了解人工智能的基本概念。
（8）了解人工智能的相关技术。
（9）了解人工智能的主要分支。
（10）了解量子计算的基本原理。

15.1.2　主要知识点

1. 大数据

（1）大数据的基本概念。
（2）大数据技术的 4 个基本特征。
（3）大数据处理的基本流程。
（4）大数据的相关技术。

2. 云计算

（1）云计算的概念。
（2）云计算的基本特征。

3. 人工智能

（1）人工智能的基本概念。
（2）人工智能的相关技术。
（3）人工智能的主要分支。

4. 量子计算

（1）量子计算的基本原理。
（2）量子计算的发展。

15.2 习题

15.2.1 填空题

1. 大数据的主要特征有_____、_____、_____和_____。
2. 大数据的预处理环节主要包括_____、_____、_____与_____等内容。
3. 云计算的概念最早是由_____提出的。
4. 云计算的主要特征有_____、_____、_____、_____和_____。
5. 21 世纪三大尖端技术分别是_____、_____和_____。
6. 人工智能对于人的思维模拟可以从两条道路进行，分别是_____和_____。
7. 人工智能在计算机上实现时有两种不同的方式，分别是_____和_____。
8. 人工智能主要有 3 个分支，分别是_____、_____和_____。

15.2.2 简答题

1. 简述大数据的特征。
2. 简述大数据的处理流程。
3. 简述云计算的主要特征。
4. 简述人工智能的不同分支。

下篇　习题参考答案

第 16 章 计算机基础知识习题参考答案

16.1 简答题

略。

16.2 选择题

1. D	2. C	3. B 和 D	4. B	5. A
6. C	7. B	8. C	9. B	10. D
11. C	12. A	13. B	14. B	15. B
16. B	17. D	18. B	19. C	20. B
21. D	22. A	23. B	24. C	25. B
26. B	27. C	28. D	29. A	30. D
31. D	32. C	33. A	34. D	35. C
36. B	37. A	38. B	39. C	40. B

16.3 判断题

1. √	2. ×	3. √	4. ×	5. ×	6. √	7. √	8. ×	9. ×	10. ×
11. ×	12. √	13. ×	14. ×	15. √	16. ×	17. ×	18. ×	19. ×	20. √
21. ×	22. √	23. √	24. ×	25. ×	26. √	27. ×	28. ×	29. ×	30. ×
31. √	32. ×	33. √	34. √	35. √	36. ×				

16.4 填空题

1. 运算器,控制器,内存储器,输入设备,输出设备
2. 系统软件,应用软件
3. 巨型化,微型化,网络化,智能化
4. 控制对象,自动调节,自动控制,实时控制
5. 计算机,通信
6. 电子器件的不同
7. 图灵机,图灵测试
8. 算术运算,逻辑运算
9. 控制器,运算器,内存储器

10. ROM,RAM,cache

11. 存储器,地址

12. 系统总线,地址总线,控制总线,数据总线

13. 表示方便,运算简单,可以进行逻辑运算,可靠性高,转换方便

14. 算术运算,逻辑运算

15. 操作码,操作数

16. Byte,8,4

17. 输入输出(I/O)

18. ASCII码

19. 源程序,编译程序,目标程序

20. 内存储器

21. 4

22. 鼠标,键盘

23. 显示器

24. 非击打式

25. 70,97

26. 进位,基数,逢几进一

27. 与,或,非

28. 磁道,磁道,扇区,簇

16.5 计算题

1. 解：
$$(39)_{10} - (45)_{10} = (39)_{10} + (-45)_{10}$$

因为：
$$(39)_{10} = (00100111)_原 = (00100111)_反 = (00100111)_补$$
$$(-45)_{10} = (10101101)_原 = (11010010)_反 = (11010011)_补$$

所以：两数的补码之"和"$(00100111)_补 + (11010011)_补 = (11111010)_补$

即两数"和"的补码$(11111010)_补 = (11111001)_反 = (10000110)_原 = (-6)_{10}$

故$(39)_{10} - (45)_{10} = (-6)_{10}$。

2. 略。

第 17 章 操作系统技术习题参考答案

17.1 单项选择题

1. C	2. D	3. B	4. D
5. D	6. D	7. C	8. D
9. B	10. C	11. B	12. D
13. D	14. C	15. D	16. B
17. C	18. A	19. B	20. C
21. A	22. C	23. B	24. C
25. D	26. C	27. B	28. D
29. B	30. A	31. A	32. A
33. A	34. C	35. C	36. D
37. D	38. B	39. B	40. A

17.2 填空题

1. 命令,图形
2. 存储管理,设备管理
3. 锁定任务栏
4. 快捷菜单,开始菜单
5. Ctrl,Shift
6. 睡眠
7. 双击,指向
8. Win+D,Ctrl+Shift+Esc
9. 开始按钮
10. Print Screen,Alt+Print Screen
11. *计算机基础*.txt
12. 反向选择
13. 隐藏
14. 分辨率
15. Ctrl+C,Ctrl+X,Ctrl+V
16. 打开方式
17. 绝对,相对
18. 系统

19. 个性化
20. 快捷方式,双加
21. 磁盘清理,格式化
22. 文件和文件夹选项

17.3 简答题

1. 操作系统是一组控制和管理计算机硬件和软件资源,合理组织计算机的工作流程,支持程序运行,为用户提供交互界面,方便用户使用计算机的大型软件系统。

操作系统的3个主要作用是:

(1) 对计算机中的硬件资源和软件资源进行管理,提高系统的资源利用率。

(2) 为其他软件和用户提供服务与接口,方便用户操作。

(3) 从逻辑上扩充机器,计算机上配置操作系统后,感觉更加方便,功能更强,似乎计算机的能力得到了加强。

2. 操作系统的主要功能包括处理机管理、存储器管理、设备管理、文件管理和为用户提供接口。

(1) 处理机管理,以进程为单位,协调计算机中各任务的顺利完成。

(2) 存储器管理,存储器管理的主要任务,是为多任务系统中各任务的运行提供良好的环境,方便用户使用存储器,提高存储器的利用率并从逻辑上扩充内存。

(3) 设备管理,管理计算机中的输入输出设备,提高设备利用率。

(4) 文件管理,对用户文件和系统文件及文件存储空间进行管理,以方便用户使用。

(5) 为用户提供接口,用户通过操作系统提供的用户接口方便地使用系统资源。

3. 鼠标操作一般有5种,分别是指向,单击,双击,右击和拖动。

(1) 指向,将鼠标的指针移动到某个对象并停留,作用是显示该对象的相关提示信息。

(2) 单击,将鼠标指向某对象后点一下左键,作用是选中一个对象作为当前操作目标。

(3) 双击,将鼠标指向某对象后快速单击两次,作用是运行该对象所关联的程序,或者打开目标文件。

(4) 右击,将鼠标指向某对象后单击右键一次,作用是弹出与该对象相关联的快捷菜单。

(5) 拖动,将鼠标指向某对象后按下左键不松开,移动鼠标到预定位置后松开左键,其作用是移动或者复制某对象到某一个特定位置。

4. 对话框与一般窗口的区别在于对话框没有下拉菜单,没有改变大小(包括最大化,最小化)的操作,不会显示在任务栏上等。

对话框与窗口的另一个区别在于它包含各种特定的表单对象,包括选项卡、文本框、单选框、复选框、列表框、下拉框和命令按钮等,用户通过这些表单对象的操作实现与系统的交互。

5. 快捷方式是与计算机或网络上可访问对象建立连接的一种扩展名为"lnk"的特殊文件，双击快捷方式可以在不打开"资源管理器"的情况下迅速打开它所关联的对象。

选中对象，在"文件"菜单或快捷菜单中，选择"创建快捷方式"命令，再将新创建的快捷方式移动或复制到目标位置。

如果用户存放快捷方式的目标位置是桌面，可在对象快捷菜单中选择"发送到桌面快捷方式"。

6. 回收站是硬盘上的一个隐藏文件夹，用于暂存硬盘上被删除的文件和文件夹，直到被清空为止。

（1）在执行删除操作时，长按 Shift 键，系统将给出是否删除的提示，单击确认后，目标对象被彻底删除，不会进入回收站。

（2）回收站是硬盘上的文件夹，因此移动存储设备上删除的文件是不进入回收站的。

（3）默认情况下，当文件超出回收站的最大容量时，不进回收站，直接删除。

17.4 操作题

略。

第18章 网络技术习题参考答案

18.1 单项选择题

1. B 2. B 3. C 4. A 5. D 6. A 7. A
8. B 9. D 10. C 11. A 12. D 13. B 14. B
15. C 16. D 17. B 18. B 19. A 20. A

18.2 填空题

1. 通信,资源
2. 交换机,路由器
3. 协议
4. 每秒位数
5. 开放系统互连,7,物理层、数据链路层、网络层、传输层、会话层、表示层、应用层
6. 32
7. URL
8. TCP/IP
9. IP 地址
10. 教育机构

18.3 简答题

略。

第 19 章 文字处理软件 Word 2016 习题参考答案

19.1 选择题

1. B   2. C   3. C   4. C   5. A   6. A   7. B
8. C   9. C   10. D   11. C   12. A   13. D   14. D
15. A   16. C   17. A   18. A   19. D   20. A   21. A
22. A   23. C   24. D   25. C   26. B   27. C   28. A
29. B   30. B   31. C   32. C   33. D   34. B   35. A
36. C   37. C   38. D   39. A   40. B   41. A   42. D
43. B   44. A   45. D   46. C   47. D   48. B   49. C
50. D   51. B   52. B   53. C   54. C   55. C   56. C
57. C   58. B   59. A   60. C   61. C   62. C   63. D
64. C   65. D   66. C   67. B   68. B

19.2 填空题

1. Docx
2. 状态
3. Ctrl+S
4. Ctrl+A
5. 文档的开头
6. Alt
7. Shift
8. 复制
9. Ctrl+X
10. Ctrl+V
11. 改写方式
12. 剪切法
13. 撤销
14. 页面视图
15. 大纲
16. 用鼠标将制表符拖离标尺
17. 段落
18. 悬挂

19. 首行
20. 布局
21. 格式刷
22. 段落
23. 水平
24. 拆分
25. 方向键→
26. 嵌入式　　浮动式　　嵌入式
27. Shift

19.3　判断题

1. ×　　2. ×　　3. ×　　4. ×　　5. ×　　6. √　　7. √
8. ×　　9. ×　　10. √　　11. √　　12. ×　　13. √　　14. √
15. √　　16. √　　17. √　　18. ×　　19. ×　　20. ×　　21. ×
22. √　　23. ×　　24. √　　25. ×

19.4　操作题

1. 操作题样张

高新技术企业优惠政策

一、高新技术企业的优惠政策：

1. 企业所得税减免10%，按照15%征收（一般企业按照25%征收）。

2. 高新技术企业是申报其他政府专项资金的必要条件。

3. 高新技术企业是市场竞争的重要资质，对于企业社会影响力具有重要作用。

4. 企业研究开发投入可以进行研发费用确认享受所得税加计扣除优惠。

5. 企业经过技术合同登记的技术开发、技术转让合同可以享受免征营业税优惠。

二、企业需要具备的能力：

1. 产品（服务）属于《国家重点支持的高新技术领域》规定的范围；

2. 企业拥有自主知识产权（发明专利或者是软件著作权或者是实用新型专利）；

3. 具有大学专科以上学历的科技人员占企业当年职工总数的30%以上，其中研发人员占企业当年职工总数的10%以上；

4. 高新技术产品（服务）收入占企业当年总收入的60%以上；

三、高新技术企业所需材料：

1. 企业营业执照副本、税务登记证（复印件）；

2. 知识产权证书（发明专利需要至少一个或者软件著作权 6

2. 操作题样张

姓名	英语	语文	数学	平均成绩
赵兵	98	97	96	97
张毅	89	74	90	84.33
李嘉	67	78	76	73.67
孙丁	76	56	60	64

3. 操作题样张

4. 操作题样张

第一章 职业概述

现实生活中，职业活动是每个人社会生活中的重要组成部分，对于即将毕业、怀揣梦想的大学生，选择一份适合自己的职业是事业成功的第一步。人的社会生活和工作领域是非常广阔的。职业门类极其繁多，如何在其中选择一份适合理想的职业呢？对职业基本知识的了解毫无疑问地成为我们的第一课。

1.1 职业概述

1.1.1 职业的含义

什么是职业？众说纷纭，没有一个统一的概念，从不同的角度可以有不同的理解。

从词义学的角度看，"职业"一词，由"职"与"业"构成，所谓"职"，是指职位职责，"业"是行业、事业，也有人认为"职"包含着这社会职责、天职、权利和义务的意思，认为"业"包含着从事业务事业、事情、独立性工作的意思。

在《国家职业大典》里，劳动与社会保障部明确规定了职业的五个要素：一是职业名称，它是职业的符号特征；二是工作的对象、内容、劳动方式和场所；三是特定的职业资格和能力；四是职业所提供的各种报酬；五是在工作中建立的各种人际关系。

1.1.2 职业的特征

职业是个人在社会中所从事的作为主要生活来源的工作，职业具有如下特征：

1. 社会性

职业充分体现了社会分工，是社会生产力发展的产物，每一种职业都体现了社会分工的细化，体现了对社会生产和社会进步的积极作用。

2. 经济性

职业活动是以获得谋生的经济来源为目的的，劳动者在承担职业岗位职责并完成工作任务的过程中要索取经济报酬，既是社会、企业及用人部门对劳动者付出劳动的回报和代价，也是维持家庭和社会稳定的基础。

3. 专业性

任何职位岗位，都有相应的职责要求，要求从业人员具备一定的专业技能知识，包括较长时间专业知识的学习或技能培训。

4. 稳定性

职业产生后，总是保持相对稳定，不会因为社会形态不同而更替而改变。当然这种稳定性是相对的，随着现代化的快速发展，特别是科学技术的日新月异，促使原有职业活动产生变化，一些新的职业应时代之需产生而原有职业或在时代的大发展中尚然挺立，或被时代的潮流淹没。

5. 略。

第 20 章　电子表格软件 Excel 2016 习题参考答案

20.1　单项选择题

1. C	2. D	3. C	4. B	5. C	6. B	7. D
8. B	9. C	10. C	11. D	12. A	13. B	14. B
15. D	16. D	17. C	18. C	19. A	20. A	21. A
22. A	23. A	24. D	25. D	26. A	27. D	28. B
29. B	30. A	31. D	32. D	33. C	34. A	35. B
36. B	37. B	38. A	39. A	40. B	41. A	42. B
43. A	44. A	45. C	46. D	47. A	48. D	49. D
50. A	51. C	52. B	53. A	54. B	55. A	56. A
57. D	58. D	59. A	60. C	61. B	62. C	63. C
64. B	65. A	66. C	67. D	68. B	69. A	70. C

20.2　判断题

1. √	2. ×	3. ×	4. √	5. ×	6. ×	7. ×
8. ×	9. √	10. √	11. ×	12. ×	13. √	14. √
15. ×	16. ×	17. ×	18. ×	19. ×	20. ×	

20.3　填空题

1. ＝＄B5＋D4
2. 单元格、单元格、单元格
3. 列标、行标、A、2
4. 常数、单元格名称、单元格引用、函数、运算符、＝
5. 取消、确定、输入
6. 相对引用、绝对引用、混合引用
7. "♯"
8. 左、右、居中
9. <函数名>(<参数表>)、、、＝
10. 当前单元格（或活动单元格）
11. ＝＄A＄1＋B2
12. 值相同、排序

13. 逻辑与、逻辑或

14. 嵌入式图表、独立式图表

20.4 操作题

1. 公式、函数练习。操作结果如图 20-1 所示。操作步骤如下：

	A	B	C	D	E	F	G
1	消费调查表						
2	调查编号	姓名	总收入（年）	花费（年）	消费比例	剩余	收入水平
3	1001	张玲玲	¥83,734	¥42,345	0.51	¥41,389	高收入
4	1002	刘银彬	¥25,428	¥12,389	0.49	¥13,039	中等收入
5	1003	王永光	¥3,184	¥489	0.15	¥2,695	低收入
6	1004	刘杰	¥64,932	¥12,367	0.19	¥52,565	高收入
7	1005	梁景丽	¥9,356	¥5,500	0.59	¥3,856	低收入
8	1006	刘娟	¥3,238	¥1,456	0.45	¥1,782	低收入
9	1007	董桦	¥24,214	¥4,589	0.19	¥19,625	中等收入
10	1008	赵葆光	¥8,527	¥4,367	0.51	¥4,160	低收入
11	1009	赵子雄	¥13,109	¥8,790	0.67	¥4,319	低收入
12	1010	陆清平	¥43,954	¥3,444	0.08	¥40,510	高收入
13	1011	赵可忠	¥63,109	¥34,512	0.55	¥28,597	高收入
14	1012	李天标	¥3,107	¥435	0.14	¥2,672	低收入
15	1013	李航	¥3,213	¥3,434	1.07	¥221	低收入
16		平均值	¥26,854	¥10,317	0.43	¥16,538	

图 20-1　结果图（一）

（1）在 E3 单元格填入"＝D3/C3"；

（2）在 F3 单元格填入"＝C3－D3"；

（3）在 C16 单元格填入"＝AVERAGE（C3：C15）"；在 D16 单元格填入"＝AVERAGE(D3:D15)"；

（4）在 G3 单元格填入"＝IF(C3＞＝30000,"高收入",IF(C3＞20000,"中等收入","低收入"))"；

（5）拖动自动填充柄填充；

（6）选中 C、D、F 三列，右击，在弹出的快捷菜单选择"设置单元格格式"，在弹出的对话框中选择"数字"→"分类"→"货币"，选择相应内容。选择 E 列重复上述操作，在"数字"选项卡中选择"数值"，选择相应内容。

2. 图表练习。操作结果如图 20-2 所示。

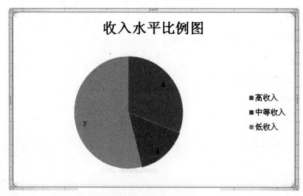

图 20-2　结果图（二）

3. 综合练习 1。第(1)～(12)题结果如图 20-3(a)所示;第(13)题筛选条件如图 20-3(b)所示,结果如图 20-3(c)所示;第(14)题结果如图 20-3(d)所示。

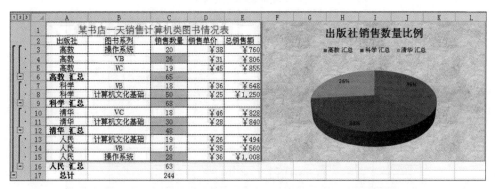

(a)

(b)

(c)

(d)

图 20-3 第 3 题结果图

4. 综合练习 2。第(1)～(4)题结果如图 20-4(a)所示;第(5)题图表如图 20-4(b)所示;第(6)题图表如图 20-4(c)所示;第(7)题图表如图 20-4(d)所示;第(8)题图表如图 20-4(e)所示;第(9)题图表如图 20-4(f)所示。

职工工资表

职工编号	姓名	性别	职称	基础工资	津贴	水电费	实发工资
199810	司马剑	男	工程师	¥2,620	¥1,572	¥110	¥4,082
199808	杨光	男	讲师	¥2,620	¥1,572	¥35	¥4,157
199001	余建	男	高级工程师	¥2,980	¥1,788	¥198	¥4,570
199002	胡嘉	男	副教授	¥3,300	¥1,980	¥205	¥5,075
199802	高金宇	男	副教授	¥3,300	¥1,980	¥210	¥5,070
199006	张力方	男	副教授	¥3,480	¥2,088	¥160	¥5,408
199310	许建国	男	教授	¥4,470	¥2,682	¥188	¥6,964
200612	阿依古丽	女	讲师	¥2,540	¥1,524	¥10	¥4,054
199801	靳德芳	女	讲师	¥2,620	¥1,572	¥40	¥4,152
200605	齐雷	女	副教授	¥3,210	¥1,926	¥35	¥5,101
199316	刘欣	女	教授	¥4,190	¥2,514	¥180	¥6,524
199013	王尚云	女	教授	¥4,470	¥2,682	¥246	¥6,906
199806	李敏君	女	教授	¥4,760	¥2,856	¥256	¥7,360

(a)

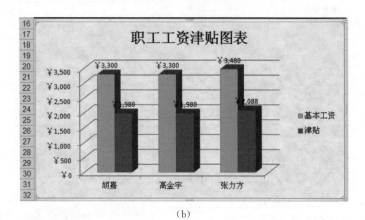

(b)

	职工编号	姓名	性别	职称	基础工资	津贴	水电费	实发工资
6				副教授 平均值	3322.50	1993.50		
7	4			副教授 计数				
9				高级工程师 平均值	2980.00	1788.00		
10	1			高级工程师 计数				
12				工程师 平均值	2620.00	1572.00		
13	1			工程师 计数				
17				讲师 平均值	2593.33	1556.00		
18	3			讲师 计数				
23				教授 平均值	4472.50	2683.50		
24	4			教授 计数				
25				总计平均值	3427.69	2056.62		
26	13			总计数				

(c)

图 20-4　第 4 题结果图

	平均值项:基础工资	职称		
15				
16	性别	副教授	教授	总计
17	男	3360.00	4470.00	3637.50
18	女	3210.00	4473.33	4157.50
19	总计	3322.50	4472.50	3897.50

(d)

	A	B	C	D	E	F	G	H
1	职工编号	姓名	性别	职称	基础工资	津贴	水电费	实发工资
4	199316	刘欣	女	教授	4190.00	2514.00	180.00	6524.00
5	199806	李敏君	女	教授	4760.00	2856.00	256.00	7360.00
8	199013	王尚云	女	教授	4470.00	2682.00	246.00	6906.00

(e)

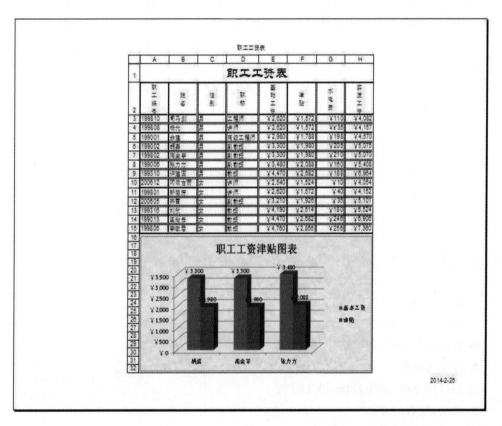

(f)

图 20-4 （续）

第 21 章 演示文稿软件 PowerPoint 2016 习题参考答案

21.1 选择题

1. B	2. D	3. B	4. B	5. D	6. D	7. A
8. B	9. D	10. C	11. A	12. C	13. D	14. C
15. B	16. A	17. D	18. B	19. D	20. D	21. D
22. B	23. C	24. B	25. D	26. B	27. D	28. D
29. D	30. C	31. D	32. C	33. B	34. C	35. C
36. D	37. B	38. B	39. A	40. A		

21.2 判断题

1. √	2. ×	3. ×	4. ×	5. √	6. √	7. ×
8. ×	9. √	10. √	11. ×	12. ×	13. ×	14. ×
15. √	16. ×	17. ×	18. ×	19. √	20. ×	21. √
22. √	23. ×	24. ×				

21.3 填空题

1. 演示文稿,.pptx
2. 媒体,音频,视频
3. 自动调整选项,根据占位符调整文本
4. 自定义放映
5. 幻灯片母版,备注母版,讲义母版
6. 关闭,所有幻灯片
7. 幻灯片浏览视图
8. 切换,动画
9. 幻灯片放映,设置幻灯片放映
10. 幻灯片母版
11. 讲义
12. 复制所选幻灯片
13. 占位符

14. Ctrl＋M,F5,Shift＋F5

15. Esc

21.4 简答题

1. 在 PowerPoint 2016 中,占位符的文本与文本框中的文本在使用中有什么区别？

答：(1) 文本占位符由幻灯片的版式和母版格式决定,而文本框则是通过"插入"操作添加到幻灯片上。

(2) 文本占位符中的内容可以在大纲视图中显示,而文本框中的内容则不能显示。

(3) 是当输入的文本内容过多或过少时,文本占位符可以自动调整字号的大小以适应,而文本框则是自动调整自身的高度以适应。

(4) 文本框可以与各种图形、图片、公式等对象构成一个更复杂的组合对象,而文本占位符则不能进行组合。

2. 占位符的"自动调整选项"按钮什么时候会出现？都有哪些选项？分别有什么含义？

答：如果在文本占位符中出现输入文字占满整个窗口的情况,会在占位符左下侧自动产生一个"自动调整选项"按钮,默认是"根据占位符调整文本"。

不同选项的含义分别如下。

(1) "根据占位符调整文本"：PowerPoint 自动调整文本大小。

(2) "停止根据此占位符调整文本"：PowerPoint 不自动调整文本大小。

(3) "拆分两个幻灯片间的文本"：将文本分配到两个幻灯片中。

(4) "在新幻灯片上继续"：创建一张新的并且具有相同标题的空白幻灯片。

(5) "将幻灯片更改为两列版式"：将原始幻灯片中的单列版式改为双列版式。

(6) "控制自动更正选项"：关闭或者打开某种自动更正功能。

3. 在 PowerPoint 2016 中,主题和母版的作用是什么？二者有何不同？

答：利用 PowerPoint 的主题、母版可以快速地美化幻灯片,并使演示文稿中的所有幻灯片具有一致的外观风格。二者的不同如下。

(1) PowerPoint 的主题包含协调配色方案、背景、字体样式和占位符位置,它是主题效果、主题颜色和主题字体三者的结合。PowerPoint 提供了很多主题供用户使用,用户也可以根据实际需要创建自己的主题。选用某个主题后,可以指定选定的幻灯片或者文稿中的所有幻灯片应用主题。

(2) 幻灯片母版是幻灯片层次结构中的顶层幻灯片,用于存储有关演示文稿的主题和幻灯片版式的信息,包括背景、颜色、字体、效果、占位符大小和位置。每个演示文稿至少包含一个幻灯片母版。修改和使用幻灯片母版的主要优点是人们可以对演示文稿中的每张幻灯片(包括以后添加到演示文稿中的幻灯片)进行统一的样式更改。

4. 在 PowerPoint 2016 中实现动态效果的方法有哪些？

答：演示文稿是由一张张的幻灯片组成的,放映演示文稿时,在默认设置中,通过放映者的操作(单击或者按 Enter 键等),幻灯片按制作的先后次序逐张出现在屏幕上。在

PowerPoint 中，一张幻灯片的放映其实包括两部分内容：一是幻灯片本身；二是幻灯片上的各种对象（文本、图形、图像等）。幻灯片本身的出现方式在 PowerPoint 中称为"切换"；幻灯片上的各种对象的出现方式，在 PowerPoint 中称为"动画"。

（1）幻灯片的切换效果是在演示期间从一张幻灯片移到下一张幻灯片时在"幻灯片放映"视图中出现的动态效果。可以控制切换效果的速度、添加声音，还可以对切换效果的属性进行自定义。

（2）幻灯片切换是设置整张幻灯片在放映过程中的出现方式，而幻灯片动画则是设置幻灯片上每个对象的出现效果，即给幻灯片上的文本或对象添加进入、退出、大小或者颜色变化甚至移动等视觉效果或声音效果。

5. 在 PowerPoint 2016 中有哪些方法可以实现超链接？可以超链接到哪些对象？

答：PowerPoint 中实现超链接的方法有两种："超链接"和"动作"。

（1）"超链接"能够链接到的目标有 4 种类型："现有的文件或网页""本文档中的位置""新建文档"和"电子邮件地址"。

（2）"动作"能够链接到的目标有："下一张幻灯片""上一张幻灯片""第一张幻灯片""最后一张幻灯片""最近观看的幻灯片""结束放映""自定义放映""幻灯片…""URL…""其他 PowerPoint 文稿…"和"其他文件…"。

6. 在 PowerPoint 2016 中幻灯片的放映方式有哪些？分别在什么情况下使用？

答：PowerPoint 可以设置不同的放映方式。

（1）在"幻灯片放映"选项卡的"设置"组中，单击"设置幻灯片放映"按钮，打开"设置放映方式"，其中"放映类型"为"演讲者放映（全屏幕）"、"放映幻灯片"为"全部"，"换片方式"为"如果存在排列时间，则使用它"，这是默认设置。

（2）在某些场合，比如在展会上向用户介绍产品，这时可能希望幻灯片能够自行放映，而且最后一张幻灯片播完后，再从第 1 张开始重播，同时禁止观众通过鼠标或键盘操纵放映的速度和顺序，只有按 Esc 键，才可以停止放映。此时可以通过将"放映类型"设置为"在展台浏览（全屏幕）"，但必须为每张幻灯片设置自动换片时间。

（3）如果将"放映类型"设置为"观众自行浏览（窗口）"，演示文稿则在窗口中放映，浏览者可以用滚动条或 PageUp、PageDown 键在各张幻灯片之间移动；也可以复制、打印幻灯片，甚至对幻灯片进行编辑，还可以同时打开其他程序或浏览其他演示文稿等。这是为了方便从网上浏览演示文稿。

（4）在"放映幻灯片"中可以设置放映范围，或者放映一个自定义放映。如果将换片方式设置成"手动"，则无论是否设置了幻灯片的切换时间，都需要演讲者自行控制幻灯片的切换。

21.5 操作题

略。

第 22 章　多媒体技术习题参考答案

22.1　单项选择题

1. D	2. B	3. D	4. A	5. B	6. C	7. A
8. C	9. C	10. C	11. B	12. D	13. B	14. A
15. A	16. D	17. B	18. B	19. D	20. B	21. D
22. C	23. D	24. C	25. A	26. D	27. C	28. D
29. A	30. A	31. C	32. D	33. C	34. A	35. D
36. D	37. D	38. A	39. A	40. B	41. D	42. A
43. B	44. A	45. B	46. A	47. D	48. B	49. A
50. B						

22.2　填空题

1. 图形,图像,声音,视频
2. RM 格式,ASF,WMV 格式
3. 采样,量化,编码
4. 无损压缩,有损压缩
5. 采样,量化,编码

22.3　简答题

1. 什么是多媒体？什么是多媒体技术？

多媒体是信息表示媒体的多样化,常见的多媒体有文本、图形、图像、声音、视频、动画等多种形式。

多媒体技术是利用计算机技术把文本、声音、图像、视频、动画等多种媒体进行综合处理,使多种信息之间建立逻辑连接,集成为一个完整的系统并具有交互性。

2. 什么是声音的采样和量化？

采样时每隔一定的时间间隔在模拟波形上取一个幅度值,从而得到一系列的声音采样值,把时间上的连续信号变成时间上的离散信号。

量化是将每个采样点的幅度值以数字存储。

3～5. 略。

第23章 软件开发技术习题参考答案

23.1 单项选择题

1. A   2. C   3. C   4. B   5. D   6. C   7. B
8. D   9. B   10. A   11. B   12. D   13. A   14. C
15. C   16. D   17. D   18. D   19. C   20. D   21. A
22. B   23. B   24. A   25. D   26. D   27. A   28. B
29. C   30. C

23.2 填空题

1. 算法,数据结构

2. 正确性,效率

3. 数据对象,数据对象中所有元素之间关系的有限集合

4. 线性结构,非线性结构

5. 一个,一个

6. 栈,队列

7. $2^k-1,k$

8. DBCA

9. 顺序查找,二分法查找(或者折半)

10. 快速排序

11. 自顶向下、逐步求精,程序模块化,限制使用 goto

12. 顺序结构,分支结构,循环结构

13. 稳定性好,可重用性好

14. 封装,继承,多态

15. 应用软件,系统软件

16. 方法,工具,过程

17. 软件规格说明,软件开发,软件确认,软件发展

18. 需求规格说明书

19. 数据流,加工

20. 高内聚,低耦合

21. 数据设计,编写概要设计文档

22. 动态测试,静态测试,黑盒测试,白盒测试

23. 逻辑覆盖测试,基本路径测试

24. 等价类划分,边界值分析,错误推测
25. 单元测试,集成测试,确认测试,系统测试

23.3 简答题

略。

第24章 信息安全技术习题参考答案

24.1 单项选择题

1. B   2. A   3. C   4. D   5. B
6. A   7. D   8. D   9. A   10. C

24.2 判断题

1. ×   2. ×   3. √   4. ×   5. √
6. √   7. √   8. ×   9. ×   10. ×

24.3 填空题

1. worm
2. 隐蔽性,潜伏性
3. 可用性,可靠性,完整性,保密性,不可否认性
4. 计算机安全,网络安全
5. 对称式
6. 数字签名技术

第 25 章 计算机发展新技术习题参考答案

25.1 填空题

1. 数据体量大,数据类型繁多,处理速度快,价值密度低
2. 数据清理,数据集成,数据归约,数据转换
3. Google 公司
4. 资源配置动态化,需求服务自助化,以网络为中心,服务可计量化,资源的池化和透明化
5. 基因工程,纳米科学,人工智能
6. 结构模拟,功能模拟
7. 采用传统的编程技术,模拟法
8. 认知 AI,机器学习 AI,深度学习 AI

25.2 简答题

1. 简述大数据的特征。

大数据的特点:第一,数据体量巨大。从 TB 级别,跃升到 PB 级别。第二,数据类型繁多。如网络日志、视频、图片、地理位置信息等。第三,处理速度快。可从各种类型的数据中快速获得高价值的信息,这一点也是和传统的数据挖掘技术有着本质的不同。第四,只要合理利用数据并对其进行正确、准确的分析,将会带来很高的价值回报。

2. 简述大数据的处理流程。

大数据处理流程主要包括数据收集、数据预处理、数据存储与管理、数据处理与分析、数据可视化与应用等环节,其中数据质量贯穿于整个大数据流程,每个数据处理环节都会对大数据质量产生影响作用。

(1) 数据收集。在数据收集过程中,数据源会影响大数据质量的真实性、完整性数据收集、一致性、准确性和安全性。

(2) 数据预处理。大数据的预处理环节主要包括数据清理、数据集成、数据归约与数据转换等内容,可以大大提高大数据的总体质量,是大数据过程质量的体现。

(3) 数据存储与管理。收集好的数据需要根据成本、格式、查询、业务逻辑等需求,存放在合适的存储中,方便进一步地分析。利用分布式文件系统、数据仓库、关系数据库、NoSQL 数据库、云数据库等,实现对结构化、半结构化和非结构化海量数据的存储和管理。

(4) 数据处理与分析。大数据的分布式处理技术与存储形式、业务数据类型等相关,针对大数据处理的主要计算模型有 MapReduce 分布式计算框架、分布式内存计算系统、

分布式流计算系统等。

大数据分析技术主要包括已有数据的分布式统计分析技术和未知数据的分布式挖掘、深度学习技术。

(5) 数据可视化与应用。数据可视化是指将大数据分析与预测结果以计算机图形或图像的直观方式显示给用户的过程，并可与用户进行交互式处理。大数据应用是指将经过分析处理后挖掘得到的大数据结果应用于管理决策、战略规划等的过程，它是对大数据分析结果的检验与验证，大数据应用过程直接体现了大数据分析处理结果的价值性和可用性。大数据应用对大数据的分析处理具有引导作用。

3. 简述云计算的主要特征。

(1) 资源配置动态化。根据消费者的需求动态划分或释放不同的物理和虚拟资源。

(2) 需求服务自助化。云计算为客户提供自助化的资源服务，用户无须同提供商交互就可自动得到自助的计算资源能力。

(3) 以网络为中心。云计算的组件和整体构架由网络连接在一起并存在于网络中，同时通过网络向用户提供服务。

(4) 服务可计量化。在提供云服务过程中，针对客户不同的服务类型，通过计量的方法来自动控制和优化资源配置。

(5) 资源的池化和透明化。对云服务的提供者而言，各种底层资源的异构性被屏蔽，边界被打破，所有的资源可以被统一管理和调度，成为"资源池"，从而为用户提供按需服务。

4. 简述人工智能的不同分支。

(1) 认知 AI。认知 AI(cognitive AI)是最受欢迎的一个人工智能分支，负责所有感觉"像人一样"的交互。认知 AI 必须能够轻松地处理复杂性和二义性，同时还持续不断地在数据挖掘、NLP(自然语言处理)和智能自动化的经验中学习。

(2) 机器学习 AI。机器学习 AI(machine learning AI)处于计算机科学的前沿，但将来有望对日常工作场所产生极大的影响。机器学习 AI 是要在大数据中寻找一些"模式"，然后在没有过多的人为解释的情况下，用这些模式来预测结果，而这些模式在普通的统计分析中是看不到的。

(3) 深度学习 AI。深度学习 AI 将大数据和无监督算法的分析相结合。它的应用通常围绕着庞大的未标记数据集，这些数据集需要结构化成互联的群集。深度学习 AI 的这种灵感完全来自人们大脑中的神经网络，因此可恰当地称其为人工神经网络。

附录A 全国计算机等级考试二级MS Office高级应用考试真题

一、单项选择题(20分)

1. 一个栈的初始状态为空,现将元素1、2、3、4、5、A、B、C、D、E依次入栈,然后再依次出栈,则元素出栈的顺序是(　　)。
   A. 12345ABCDE   B. EDCBA54321
   C. ABCDE12345   D. 54321EDCBA

2. 下列叙述中正确的是(　　)。
   A. 循环队列有队头和队尾两个指针,因此,循环队列是非线性结构
   B. 在循环队列中,只需要队头指针就能反映队列中元素的动态变化情况
   C. 在循环队列中,只需要队尾指针就能反映队列中元素的动态变化情况
   D. 循环队列中元素的个数由队头指针和队尾指针共同决定

3. 在长度为 n 的有序线性表中进行二分查找,最坏情况下需要比较的次数是(　　)。
   A. $O(n)$ B. $O(n^2)$ C. $O(\log_2 n)$ D. $O(n\log_2 n)$

4. 下列叙述中正确的是(　　)。
   A. 顺序存储结构的存储一定是连续的,链式存储结构的存储空间不一定是连续的
   B. 顺序存储结构只针对线性结构,链式存储结构只针对非线性结构
   C. 顺序存储结构能存储有序表,链式存储结构不能存储有序表
   D. 链式存储结构比顺序存储结构节省存储空间

5. 数据流图中带有箭头的线段表示的是(　　)。
   A. 控制流   B. 事件驱动   C. 模块调用   D. 数据流

6. 在软件开发中,需求分析阶段可以使用的工具是(　　)。
   A. N-S图   B. DFD   C. PAD   D. 程序流程图

7. 在面向对象方法中,不属于"对象"基本特点的是(　　)。
   A. 一致性   B. 分类性   C. 多态性   D. 标识唯一性

8. 一间宿舍可住多个学生,则实体宿舍和学生之间的联系是(　　)。
   A. 一对一   B. 一对多   C. 多对一   D. 多对多

9. 在数据管理技术发展的3个阶段中,数据共享最好的是(　　)。
   A. 人工管理阶段   B. 文件系统阶段
   C. 数据库系统阶段   D. 3个阶段相同

10. 有3个关系 R、S 和 T 如下：

R

B	C	D
a	0	k1
b	1	n1

S

B	C	D
f	3	h2
a	0	k1
n	2	x1

T

B	C	D
a	0	k1

由关系 R 和 S 通过运算得到关系 T，则所使用的运算为（　　）。
　　A. 笛卡儿积　　　　B. 交　　　　　　C. 并　　　　　　D. 自然连接

11. 在计算机中，组成1字节的二进制位位数是（　　）。
　　A. 1　　　　　　　B. 2　　　　　　　C. 4　　　　　　　D. 8

12. 下列选项属于"计算机安全设置"的是（　　）。
　　A. 定期备份重要数据　　　　　　　　B. 不下载来路不明的软件及程序
　　C. 停掉 Guest 账号　　　　　　　　　D. 安装杀（防）毒软件

13. 下列设备组中，完全属于输入设备的一组是（　　）。
　　A. CD-ROM 驱动器，键盘，显示器
　　B. 绘图仪，键盘，鼠标器
　　C. 键盘，鼠标器，扫描仪
　　D. 打印机，硬盘，条码阅读器

14. 下列软件中，属于系统软件的是（　　）。
　　A. 航天信息系统　　　　　　　　　　B. Office 2003
　　C. Windows Vista　　　　　　　　　　D. 决策支持系统

15. 如果删除一个非零无符号二进制偶整数后的两个0，则此数的值为原数（　　）。
　　A. 4 倍　　　　　　B. 2 倍　　　　　C. 1/2　　　　　　D. 1/4

16. 计算机硬件能直接识别、执行的语言是（　　）。
　　A. 汇编语言　　　　B. 机器语言　　　C. 高级程序语言　　D. C++ 语言

17. 微机硬件系统中最核心的部件是（　　）。
　　A. 内存储器　　　　B. 输入输出设备　C. CPU　　　　　　D. 硬盘

18. 用"综合业务数字网"（又称为"一线通"）接入因特网的优点是上网通话两不误，它的英文缩写是（　　）。
　　A. ADSL　　　　　 B. ISDN　　　　　C. ISP　　　　　　D. TCP

19. 计算机指令由两部分组成，它们是（　　）。
　　A. 运算符和运算数　　　　　　　　　B. 操作数和结果
　　C. 操作码和操作数　　　　　　　　　D. 数据和字符

20. 能保存网页地址的文件夹是（　　）。
　　A. 收件箱　　　　　B. 公文包　　　　C. 我的文档　　　　D. 收藏夹

二、Word 操作题（30 分）

北京××大学信息工程学院讲师张东明撰写了一篇名为"基于频率域特性的闭合轮廓描述子对比分析"的学术论文，拟投稿于某大学学报，根据该学报相关要求，论文必须遵照该学报论文样式进行排版。请根据考生文件夹下"素材.docx"和相关图片文件完成排版任务，具体要求如下。

1. 将素材文件"素材.docx"另存为"论文正样.docx"，保存于考生文件夹下，并在此文件中完成所有要求，最终排版不超过 5 页，样式可参考考生文件夹下的"论文正样 1.jpg"到"论文正样 5.jpg"。

2. 论文页面设置成 A4 幅面，上下左右边距分别为 3.5cm、2.2cm、2.5cm 和 2.5cm。论文页面只指定行网格（每页 42 行），页脚距边距为 1.4cm，在页脚居中位置设置页码。

3. 论文正文以前的内容，段落不设首行缩进，其中论文标题、作者、作者单位的中英文部分均居中显示，其余为两端对齐。文章编号为黑体小五号字，论文标题（红色字体）大纲级别为 1 级，样式为标题 1，中文为黑体，英文为 Times New Roman，字号为三号。作者姓名的字号为小四，中文为仿宋，西文为 Times New Roman。作者单位、摘要、关键字、中图分类号等中英文部分字号为小五，中文为宋体，西文为 Times New Roman，其中摘要、关键字、中图分类号等中英文内容的第一个词（冒号前面的部分）设置为黑体。

4. 参考"论文正样 1.jpg"示例，将作者姓名后面的数字和作者单位前面的数字（含中文、英文两部分），设置正确的格式。

5. 自正文开始到参考文献列表为止，页面布局分为对称两栏。正文（不含图、表、独立成行的公式）为五号字（中文为宋体，西文为 Times New Roman），首行缩进 2 字符，行距为单倍行距；表注和图注为小五号（表注中文为黑体，图注中文为宋体，西文均用 Times New Roman），居中显示，其中正文中的"表 1""表 2"与相关表格有交叉引用关系（注意："表 1""表 2"的"表"字与数字之间没有空格），参考文献列表为小五号字，中文为宋体，西文均用 TimesNewRoman，采用项目编号，编号格式为"［序号］"。

6. 素材中黄色字体部分为论文的第一层标题，大纲级别为 2 级，样式为标题 2，多级项目编号格式为"1、2、3、…"，字体为黑体、黑色、四号，段落行距为最小值 30 磅，无段前段后间距；素材中蓝色字体部分为论文的第二层标题，大纲级别 3 级，样式为标题 3，对应的多级项目编号格式为"2.1、2.2、…、3.1、3.2、…"，字体为黑体、黑色、五号，段落行距为最小值 18 磅，段前段后间距为 3 磅，其中参考文献无多级编号。

注：素材.docx 见二维码 1，完成样式 1～6 见二维码 2。

二维码 1

二维码 2

三、Excel 操作题（30 分）

为让利消费者，提供更优惠的服务，某大型收费停车场规划调整收费标准，拟从原来"不足 15 分钟按 15 分钟收费"调整为"不足 15 分钟部分不收费"的收费政策。市场部抽取了 2014 年 5 月 26 日至 6 月 1 日的停车收费记录进行数据分析，以期掌握该项政策调整后营业额的变化情况。请根据考生文件夹下"素材.xlsx"中的各种表格,帮助市场分析员小罗完成此项工作,具体要求如下。

1. 将"素材.xlsx"文件另存为"停车场收费政策调整情况分析.xlsx",所有的操作基于此新保存好的文件。

2. 在"停车收费记录"表中,涉及金额的单元格格式均设置为保留 2 位的数值类型。依据"收费标准"表,利用公式将收费标准对应的金额填入"停车收费记录"表中的"收费标准"列;利用出场日期、出场时间与进场日期、进场时间的关系,计算"停放时间"列,单元格格式为时间类型的"××时××分"。

3. 依据停放时间和收费标准,计算当前收费金额并填入"收费金额"列;计算拟采用的收费政策的预计收费金额并填入"拟收费金额"列;计算拟调整后的收费与当前收费之间的差值并填入"差值"列。

4. 将"停车收费记录"表中的内容套用表格格式"表样式中等深浅 12",并添加汇总行,最后三列"收费金额""拟收费金额"和"差值"汇总值均为求和。

5. 在"收费金额"列中,将单次停车收费达到 100 元的单元格突出显示为黄底红字的货币类型。

6. 新建名为"数据透视分析"的表,在该表中创建 3 个数据透视表,起始位置分别为 A3、A11、A19 单元格。第一个透视表的行标签为"车型",列标签为"进场日期",求和项为"收费金额",可以提供当前的每天收费情况;第二个透视表的行标签为"车型",列标签为"进场日期",求和项为"拟收费金额",可以提供调整收费政策后的每天收费情况;第三个透视表的行标签为"车型",列标签为"进场日期",求和项为"差值",可以提供收费政策调整后每天的收费变化情况。

二维码 3

注:素材.xlsx 见二维码 3。

四、PowerPoint 操作题(20 分)

"天河二号"超级计算机是我国独立自主研制的超级计算机系统,2014 年 6 月再登"全球超算 500 强"榜首,为祖国再次争得荣誉。作为北京市第**中学初二年级物理老师,李晓玲老师决定制作一个关于"天河二号"的演示幻灯片,用于学生课堂知识拓展。请你根据考生文件夹下的素材"天河二号素材.docx"及相关图片文件,帮助李老师完成制作任务,具体要求如下。

1. 演示文稿共包括 10 张幻灯片,标题幻灯片 1 张,概况 2 张,特点、技术参数、自主创新和应用领域各 1 张,图片欣赏 3 张(其中,1 张为图片欣赏标题页)。幻灯片必须选择一种设计主题,要求字体和色彩合理,美观大方。所有幻灯片中除了标题和副标题,其他文字的字体均设置为"微软雅黑"。演示文稿保存为"天河二号超级计算机.pptx"。

2. 第 1 张幻灯片为标题幻灯片,标题为"天河二号超级计算机",副标题为"——2014 年再登世界超算榜首"。

3. 第 2 张幻灯片采用"两栏内容"的版式,左边一栏为文字,右边一栏为图片,图片为考生文件夹下的"Image1.jpg"。

4. 以下的第 3 张~第 7 张幻灯片的版式均为"标题和内容"。素材中的黄底文字即为相应页幻灯片的标题文字。

5. 第 4 张幻灯片标题为"二、特点",将其中的内容设为"垂直块列表"SmartArt 对象,素材中红色文字为一级内容,蓝色文字为二级内容。并为该 SmartArt 图形设置动画,要求组合图形"逐个"播放,并将动画的开始设置为"上一个动画之后"。

6. 利用相册功能为考生文件夹下的"Image2.jpg"～"Image9.jpg"8 张图片"新建相册",要求每页幻灯片 4 张图片,相框的形状为"居中矩形阴影";将标题"相册"更改为"六、图片欣赏"。将相册中的所有幻灯片复制到"天河二号超级计算机.ppt"中。

7. 将该演示文稿分为 4 节,第一节节名为"标题",包含 1 张标题幻灯片;第二节节名为"概况",包含 2 张幻灯片;第三节节名为"特点、技术参数等",包含 4 张幻灯片;第四节节名为"图片欣赏",包含 3 张幻灯片。每一节的幻灯片均为同一种切换方式,节与节的幻灯片切换方式不同。

8. 除标题幻灯片外,其他幻灯片的页脚显示幻灯片编号。

9. 设置幻灯片为循环放映方式,如果不单击,幻灯片 10s 后自动切换至下一张。

二维码 4

注:天河二号素材.docx 见二维码 4。

【真题答案】

真题答案见二维码 5。

二维码 5

参考文献

[1] 张秋余,张聚礼.软件工程[M].西安:西安电子科技大学出版社,2014.
[2] 林子雨.大数据基础编程、实验和案例教程[M].北京:清华大学出版社,2017.
[3] 李国杰.信息科学技术的长期发展趋势和我国的战略取向[J].中国科学:信息科学,2010,40(1):128-138.
[4] 张莉.大学计算机基础教程[M].北京:清华大学出版社,2013.
[5] 山东省地方税务局.税务信息化基础及应用[M].北京:中国税务出版社,2012.
[6] 赵勇.架构大数据——大数据技术及算法解析[M].北京:清华大学出版社,2015.
[7] 朝乐门.数据科学理论与实践[M].北京:清华大学出版社,2017.
[8] 张赵管,李应勇,刘经天.大学计算机应用基础(Windows 7+Office 2010)[M].天津:南开大学出版社,2013.
[9] 汤小丹,梁红兵,哲凤屏,等.计算机操作系统[M].西安:西安电子科技大学出版社,2007.
[10] 赵建敏,张海娜,郭燕,等.Windows 7 案例教程[M].北京:航空工业出版社,2012.
[11] 赵江.Windows 7 从入门到精通[M].北京:电子工业出版社,2009.
[12] 丛书编委会.计算机应用基础——Windows 7+Office 2010[M].北京:清华大学出版社,2011.
[13] 高万萍,吴玉萍.计算机应用基础教程(Windows 7,Office 2010)[M].北京:清华大学出版社,2013.
[14] 高万萍,吴玉萍.计算机应用基础实训指导(Windows 7,Office 2010)[M].北京:清华大学出版社,2013.
[15] 宋翔.Office 2010 办公专家从入门到精通[M].北京:北京希望电子出版社,2010.
[16] 华诚科技.Office 2010 从入门到精通[M].北京:机械工业出版社,2011.
[17] WEISS M A.数据结构与算法分析:Java 语言描述[M].冯舜玺,译.2 版.北京:机械工业出版社,2004.
[18] 萨默维尔.软件工程[M].程成,等译.北京:机械工业出版社,2011.
[19] 张海藩,吕云翔.软件工程[M].北京:人民邮电出版社,2013.
[20] 张海藩,牟永敏.软件工程导论[M].6 版.北京:清华大学出版社,2013.
[21] 张海藩.软件工程[M].3 版.北京:人民邮电出版社,2010.
[22] 尤晓东,闫俐,叶向,等.大学计算机应用基础[M].3 版.北京:中国人民大学出版社,2013.
[23] 尤晓东,闫俐,叶向,等.大学计算机应用基础习题与实验指导[M].2 版.北京:中国人民大学出版社,2011.
[24] 王作鹏,殷慧文.PowerPoint 2010 从入门到精通[M].北京:人民邮电出版社,2013.
[25] 宋翔.Office 2010 办公专家从入门到精通[M].北京:北京希望电子出版社,2010.
[26] 丁喜纲.计算机网络技术基础项目化教程[M].北京:北京大学出版社,2011.
[27] 李松树,周利民,付开耀.大学计算机基础[M].长沙:国防科技大学出版社,2010.
[28] 鄢涛,刘容.大学计算机基础教程[M].北京:科学出版社,2012.
[29] 宋耀文.新编计算机基础教程[M].北京:清华大学出版社,2014.
[30] 尹琳,张春燕.计算机基础教程[M].重庆:重庆大学出版社,2016.
[31] 张晓芳,王志海,张磊.大学计算机基础[M].北京:北京邮电大学出版社,2017.
[32] 汪文斌.移动互联网[M].武汉:武汉大学出版社,2013.

［33］ 潘银松,颜烨.大学计算机基础[M].重庆：重庆大学出版社,2017.
［34］ 教育部考试中心.全国计算机等级考试二级教程 MS Office 高级应用(2018 年版)[M].北京：高等教育出版社,2017.
［35］ 教育部考试中心.全国计算机等级考试二级教程 MS Office 高级应用上机指导(2018 年版)[M].北京：高等教育出版社,2017.
［36］ 陈越,何钦铭,等.数据结构[M].北京：高等教育出版社,2012.
［37］ 王红梅,胡明,王涛.数据结构(C++版)[M].2 版.北京：清华大学出版社,2011.

图书资源支持

感谢您一直以来对清华版图书的支持和爱护。为了配合本书的使用,本书提供配套的资源,有需求的读者请扫描下方的"书圈"微信公众号二维码,在图书专区下载,也可以拨打电话或发送电子邮件咨询。

如果您在使用本书的过程中遇到了什么问题,或者有相关图书出版计划,也请您发邮件告诉我们,以便我们更好地为您服务。

我们的联系方式:

清华大学出版社计算机与信息分社网站:https://www.shuimushuhui.com/

地　　址:北京市海淀区双清路学研大厦 A 座 714

邮　　编:100084

电　　话:010-83470236　　010-83470237

客服邮箱:2301891038@qq.com

QQ:2301891038(请写明您的单位和姓名)

资源下载:关注公众号"书圈"下载配套资源。

书圈

清华计算机学堂

观看课程直播